高等学校计算机基础教育系列教材

大学计算机

Python程序设计基础

申艳光　薛红梅　编著

清華大學出版社

北　京

内 容 简 介

本书的编写以教育部高等学校大学计算机课程教学指导委员会的《大学计算机基础课程教学基本要求》为依据,是一本零起点的程序设计快速入门教材,立足"教师易教,学生乐学,技能实用",内容精炼,摈弃深奥的理论,按照认知规律,采用由浅入深、由外入内的教学模式,既强调基础性和系统性,又注重内容宽度和知识深度的结合,把计算思维的要素、方法融入问题和案例,让读者在学习程序设计的过程中潜移默化地培养计算思维,从而使程序设计类教材从单纯知识和技能的培养层面提高到意识和思维的培养层面。

本书共 8 章,包括问题求解中的计算思维、Python 编程基础、数据类型与基本运算、程序控制结构与异常处理、函数与模块、常用算法设计策略及其 Python 实现、文件与数据格式化、应用实例。每章后附有基本知识练习、能力拓展与训练和实验实训。

编者在中国大学 MOOC 平台上开设有与本教材配套的课程"基于计算思维的 Python 程序设计"。

本书可作为大、中专院校教材及各类计算机技术培训教材,也可作为全国计算机等级考试二级Python 语言程序设计考试参考用书或 Python 初学者自学用书。

图书在版编目(CIP)数据

大学计算机:Python 程序设计基础/申艳光,薛红梅编著. —北京:清华大学出版社,2023.9
高等学校计算机基础教育系列教材
ISBN 978-7-302-63637-3

Ⅰ. ①大… Ⅱ. ①申… ②薛… Ⅲ. ①软件工具－程序设计－高等学校－教材 Ⅳ. ①TP311.561

中国国家版本馆 CIP 数据核字(2023)第 092944 号

责任编辑:龙启铭
封面设计:何凤霞
责任校对:徐俊伟
责任印制:宋 林

出版发行:清华大学出版社
　　　　网　　　址:http://www.tup.com.cn,http://www.wqbook.com
　　　　地　　　址:北京清华大学学研大厦 A 座　　邮　　编:100084
　　　　社 总 机:010-83470000　　　　　　　　邮　　购:010-62786544
　　　　投稿与读者服务:010-62776969,c-service@tup.tsinghua.edu.cn
　　　　质量反馈:010-62772015,zhiliang@tup.tsinghua.edu.cn
　　　　课件下载:http://www.tup.com.cn,010-83470236
印 装 者:三河市人民印务有限公司
经　　销:全国新华书店
开　　本:185mm×260mm　　　印　　张:15.5　　　字　　数:359 千字
版　　次:2023 年 9 月第 1 版　　　　　　　　印　　次:2023 年 9 月第 1 次印刷
定　　价:39.00 元

产品编号:102644-01

在当今的人工智能(AI)时代,Python 从众多编程语言中脱颖而出,成为人工智能领域中机器学习、神经网络、深度学习等应用开发的主流编程语言。Python 简单易学,消除了普通人对于"编程"的恐惧,使得越来越多的非程序员能够编写简单的程序,让自己的生活、工作和学习更美好。

本书特色如下。

(1) 本书是一本零起点的程序设计快速入门教材,立足"教师易教,学生乐学,技能实用",内容精炼,摈弃深奥的理论,按照认知规律,采用由浅入深、由外而内的教学模式,既强调基础性和系统性,又注重内容宽度和知识深度的结合,采用通俗易懂的语言和丰富的案例,方便读者在最短的时间进入 Python 程序设计的世界,开启愉悦的 Python 编程之旅。

(2) 本书以教育部高等学校大学计算机课程教学指导委员会的《大学计算机基础课程教学基本要求》为依据,把计算思维的要素、方法融入问题和案例,让读者在学习程序设计的过程中潜移默化地培养计算思维,了解计算机学科独特的思维方式,使读者在各自的专业领域中能够有意识地借鉴、引入计算机科学中的理念、技术和方法,提高信息智能化时代利用计算机进行问题求解的能力,从而使程序设计类教材从单纯知识和技能的培养层面提高到意识和思维的培养层面。

(3) 依据新工科建设中工程专业对信息技术的需求,从多方位、多角度培养学生的工程能力。书中利用"思考与探索""能力拓展与训练"等栏目从多方位、多角度培养学生利用计算机解决问题的能力,实现工程素养与大学计算机课程的融合。

(4) 将课程思政潜移默化、润物细无声地融入教学内容中。在书中的例题和练习中,引领式隐性地引入课程思政,引导学生树立正确的"三观",培养学生的家国情怀,实现知识传授、能力培养与价值引领的有机融合。

本书共 8 章,内容包括问题求解中的计算思维、Python 编程基础、数据类型与基本运算、程序控制结构与异常处理、函数与模块、常用算法设计策略及其 Python 实现、文件与数据格式化、应用实例。

本书由申艳光、薛红梅编著,参与编写的还有河北工程大学计算机课程组的所有教师,他们都为此书的出版付出了辛勤的劳动。

本书的出版得到国家自然科学基金资助项目(61802107)、河北省高等学校科学技术研究项目(ZD2016017)的资助。

限于编者水平,书中难免存在不足之处,恳请读者批评和指正,以使其更臻完善!

本书提供电子课件和实验实训素材,可以登录清华大学出版社网站(www.tup.com.cn)下载。本书提供了配套的慕课,读者可以登录中国大学 MOOC(https://www.icourse163.org/course/HEBEU-1205998803)进行学习。

编　者
2023 年 3 月

目录

第 1 章 问题求解中的 计算思维

我们所使用的工具影响着我们的思维方式和思维习惯,从而也将深刻地影响着我们的思维能力。

——著名计算机科学家、图灵奖得主 Edsger Dijkstra

1.1 计算机科学与计算思维

近年来,人工智能、普适计算、物联网、云计算、大数据这些新概念和新技术的出现,在社会经济、人文科学、自然科学的许多领域引发了一系列革命性的突破,极大地改变了人们对于计算和计算机的认识。无处不在、无事不用的计算思维成为人们认识和解决问题的基本能力之一。

1.1.1 认识计算思维

2006 年 3 月,美国卡内基-梅隆大学计算机系主任周以真(Jeannette M.Wing)教授在美国计算机权威杂志 *Communication of the ACM* 上发表并定义了计算思维(Computational Thinking)。她认为:计算思维是运用计算机科学的基础概念进行问题求解、系统设计,以及人类行为理解等的涵盖计算机科学领域的一系列思维活动。她指出,计算思维是每个人的基本技能,不仅仅属于计算机科学家。我们应当使每个学生在培养解析能力时不仅掌握阅读、写作和算术(Reading,WRiting,and ARithmetic,3R),还要学会计算思维。这种思维方式对于学生从事任何事业都是有益的。简单地说,计算思维就是用计算机科学解决问题的思维。

面对客观世界中的问题,在没有计算机之前,人类解决问题的思维是用有限的步骤去解决问题,讲究优化与简洁;而计算机可以从事大量重复的精确运算,并乐此不疲。计算机具有不畏重复、不惧枯燥、快速高效的优势。

计算思维解决的最基本问题是:什么是可计算的? 即弄清楚哪些是人类比计算机做得好的? 哪些是计算机比人类做得好的? 也就是计算思维着重于解决人类与机器各自计算的优势以及问题的可计算性。

计算思维直面机器智能的不解之谜：哪些事人类能比计算机做得更好？哪些事计算机能比人类做得更好？马克思认为，"人类的特性恰恰就是自由的有意识的活动。"自古至今，所有的教育都是为了人的发展。人的发展，首在思维，一个人的科学思维能力的养成，必然伴随着创新能力的提高。工程师应该具备的三种思维模式是工程思维、科学思维和系统思维。而其中科学思维可以分为三种：以观察和归纳自然（包括人类社会活动）规律为特征的实证思维；以推理和演绎为特征的逻辑思维；以抽象化和自动化为特征的计算思维。

计算思维综合了数学思维（求解问题的方法）、**工程思维**（设计、评价大型复杂系统）和**科学思维**（理解可计算性、智能、心理和人类行为）。

计算思维就是通过约简、嵌入、转化和仿真的方法，把看起来困难的问题重新阐述成方便计算机进行求解的问题。

计算思维是一种递归思维，它是并行处理的，它把代码译成数据又把数据译成代码。它评价一个程序时，不仅仅根据其准确性和效率，还有美学的考量，而对于系统的设计，还考虑简洁和优雅。

计算思维采用了抽象和分解来迎战浩大复杂的任务。它选择合适的方式去陈述一个问题，或者对一个问题的相关方面进行建模使其易于处理。抽象是一种重要的思维方式。从科学研究到艺术创造都离不开抽象。艺术家毕加索甚至认为，画家的职责不是借助具体形象来反映现实，而是创造抽象的形式来表现科学的真实。

比如，文件是对输入和输出的抽象；虚拟存储器是对物理存储器的抽象；进程是对一个正在运行的程序的抽象；虚拟机是对整个计算机（包括操作系统、处理器、程序）的抽象。软件设计和开发就是把现实中的问题映射为计算机的语言实现，但现实问题太复杂，细节太多，而且在不断地变化过程中，一般人很难同时对这么的细节进行思考，这时候就需要抽象。

计算思维是通过冗余、堵错、纠错的方式，在最坏情况下进行预防、保护和恢复的一种思维。计算思维是利用启发式推理来寻求解答。它是在不确定情况下的规划、学习和调度。它是搜索、搜索、再搜索，最后得到的是一系列的网页，一个赢得游戏的策略，或者一个反例。计算思维是利用海量的数据来加快计算。它是在时间和空间之间，在处理能力和存储容量之间的权衡。

考虑这样一些日常中的事例：当一位学生早晨去学校时，会把当天需要的东西放进书包，这就是预置和缓存；当一个孩子弄丢了手套时，沿走过的路回寻，这就是回推；你不再租用滑雪板而自己买一对，这就是在线算法；在超市付账时你应当去排哪个队，这就是多服务器系统的性能模型；停电时你的电话仍然可用，这就是失败的无关性和设计的冗余性。

我们已见证了计算思维在其他学科中的影响。例如，计算生物学正改变着生物学家的思考方式；计算博弈理论正改变着经济学家的思考方式；纳米计算正改变着化学家的思考方式；量子计算正改变着物理学家的思考方式。这种思维将成为每一个人的技能。计算思维是人类除了理论思维、实验思维以外，应具备的第三种思维方式。

符号化、计算化、自动化思维，以组合、抽象和递归为特征的程序及其构造思维是计算技术与计算系统的重要思维。计算思维能力训练不仅使我们理解计算机的实现机制和约束,建立计算意识,形成计算能力,有利于发明和创新,而且有利于提高信息素养,也就是处理计算机问题时应有的思维方法、表达形式和行为习惯,从而更有效地利用计算机。

1.1.2　计算机科学与计算思维的关系

计算机科学是对于客观世界问题的解决方案的研究。给定一个问题,计算机科学家的目标是开发一个算法,即一系列的指令列表。计算机科学可以被认为是对算法的研究。但是有些问题可能没有解决方案。所以,计算机科学是研究哪些是可计算的问题,并研究是不是存在一种算法来解决它。

计算机科学学科和软件工程学科的灵魂是计算思维。计算思维是建立在计算机的能力和限制之上,既要充分利用计算机的计算和存储等方面的优势,又不能超出计算机的能力范围。

计算机科学就是算法的科学,算法是计算机求解问题的灵魂,是计算机学科的核心。学习计算机解决问题的各种算法,可以丰富人们解决问题的方法,拓宽人们解决问题的思路。在知道哪些是可计算和不可计算的基础上,更进一步掌握计算机是如何进行问题求解的,从而培养和提高计算思维能力。

📋 朴言素语

计算思维是计算机和软件工程学科的灵魂,在学习和使用计算机的过程中,应该着眼于"悟"和"融":感悟和凝练计算机科学思维模式,并将其融入可持续发展的计算机应用中,这是作为工程人才不可或缺的基于信息技术的行动能力。大学生学习计算机基础课程,不仅要了解计算机是什么、能够做什么、如何做,更重要的是要了解这个学科领域解决问题的基本方法与特点,了解和掌握如何充分利用计算机技术,对现实世界中的问题进行抽象和形式化,达到人类求解问题的目的。

1.2　认识软件、程序和程序设计

1. 软件的概念

根据国际化标准组织的定义,软件是与计算机系统操作有关的程序、过程、规则,以及所有有关的文档资料和数据。简单地说,软件是指为运行、管理和维护计算机而编制的各种程序、数据和文档的总称。程序是计算机可以执行的代码以及与程序有关的数据,文档是用来描述、使用和维护程序及数据所需要的图文资料。

2. 程序与程序设计

现实世界中的问题必须通过人类的思维将问题进行形式化、程序化和机械化后,才能利用计算机来进行问题求解。程序方式是人类使用计算机的高级方式,程序反映了人类求解问题的思维和方法。

1976 年，瑞士苏黎士联邦工业大学的科学家 Niklaus Wirth（Pascal 语言的发明者，1984 年图灵奖获得者）提出了公式"程序＝算法＋数据结构"（Algorithms ＋ Data Structures＝Programs），这一公式的关键是指出了程序是由算法和数据结构有机结合构成的。

程序是完成某一任务的指令或语句的有序集合；算法描述了依据问题实例数据所产生的解决方案和产生预期结果所需的一套步骤；数据是程序处理的对象和结果。

程序设计是指从问题分析，直到编码实现的全过程；程序设计是把客观世界问题求解的过程映射为计算机的一组动作。

程序设计一般可以分为以下四个阶段。

（1）分析。在着手解决问题之前，要通过分析来充分理解问题，明确解题要求以及需要输入和输出的数据等。

（2）设计。在真正编程之前，需要有一个能解决这个问题的计算过程模型。这种模型包括两个方面，一方面需要表示计算中要处理的数据，另一方面必须有求解问题的计算方法，即通常所说的算法。

（3）编码。有了解决问题的抽象计算模型，下一步工作就是用某种适当的编程语言来实现这个模型，做出一个可能由计算机执行的实际计算模型，也就是一个程序。

（4）调试和测试。复杂的程序通常不可能一蹴而就，编写的代码中可能有各种错误，最简单的是语法和类型错误。程序可以运行并不代表它就是所需的那个程序，还需要通过尝试性的运行来确定其功能是否满足需要，测试和调试过程中可能会出现运行错误和逻辑错误，需要修正，直至得到令人满意的程序。

调试的任务是排除编码错误，保证程序稳定的运行，并对程序的局部功能和性能进行检查。测试的任务是排除逻辑错误和系统设计错误，对程序进行系统全面的检查，保证程序整体的功能和性能。

也可以说，程序设计主要做两件事情：第一，用特定数据类型和数据结构将信息表示出来；第二，用控制结构将信息处理过程表示出来。这两部分内容分别对应后面将介绍的 Python 数据类型和 Python 程序控制结构、函数与模块章节的内容。

1.3 计算机问题求解的灵魂——算法

北京时间 2016 年 3 月 9 日下午 15 时，经过三个多小时鏖战，韩国围棋九段李世石向"阿尔法围棋"（AlphaGo）投子认输。这是人类顶尖围棋选手第一次输给计算机。AlphaGo 是怎么战胜李世石的？ AlphaGo 的胜利，是深度学习的胜利，是算法的胜利。所以有人说："得算法者得天下。"

算法是计算机科学的美丽体现，是计算机求解问题的灵魂，算法思维是计算思维的核心。

1.3.1　什么是算法

做任何事情都有一定的步骤。例如,考大学,首先要填报名单,交报名费,拿准考证,然后参加高考,拿到录取通知书,到指定大学报到。又如,网上预订火车票需要如下步骤:第一步登录中国铁路客户服务中心(12306 网站),下载根证书并安装到计算机上;第二步到网站上注册个人信息,注册完毕,到信箱里单击链接,激活注册用户;第三步进行车票查询;第四步进入订票页面,提交订单,通过网上银行进行支付;第五步凭乘车人有效二代居民身份证原件到全国火车站的任意售票窗口、铁路客票代售点或车站自动售票机上办理取票手续。

人们从事各种工作和活动,都必须事先想好要进行的步骤,这种为解决一个确定问题而采取的方法和步骤就称为"算法"(Algorithm)。算法规定了任务执行或问题求解的一系列步骤。菜谱是做菜的"算法";歌谱是唱一首歌曲的"算法";洗衣机说明书是使用洗衣机的"算法"等。

计算的目的是解决问题,而在问题求解过程中所采取的方法、思路和步骤则是算法。算法是计算机科学中的重要内容,也是程序设计的灵魂。计算是算法的具体实现,类似于前台运行的程序;而算法是计算过程的体现,它更像后台执行的进程。由此可见,计算与算法是密不可分的。

算法不仅是计算机科学的一个分支,更是计算机科学的核心。计算机算法能够帮助人类解决很多问题,比如,找出人类 DNA 中所有 100 000 种基因,确定构成人类 DNA 的30 亿种化学碱对的序列;快速地访问和检索互联网数据;电子商务活动中各种信息的加密及签名;制造业中各种资源的有效分配;确定地图中两地之间的最短路径;各种数学和几何计算(矩阵、方程、集合)等。

试想一下,如果高个子的父母生出的后代一定遗传其身高,那么我们人类的身高应该会无限高啊! 这就是著名的回归算法。

回归是由英国著名生物学家兼统计学家高尔顿(Francis Galton,1822—1911,生物学家达尔文的表弟)在研究人类遗传问题时提出来的。为了研究父代与子代身高的关系,高尔顿搜集了 1078 对父亲及其儿子的身高数据。他发现这些数据的散点图大致呈直线状态,也就是说,总的趋势是父亲的身高增加时,儿子的身高也倾向于增加。但是,高尔顿对试验数据进行了深入的分析,发现了一个很有趣的现象——回归效应。当父亲高于平均身高时,其儿子身高比他更高的概率要小于比他矮的概率;父亲矮于平均身高时,其儿子身高比他更矮的概率要小于比他高的概率。这反映了一个规律,即儿子的身高,有向他们父辈的平均身高回归的趋势。对于这个一般结论的解释是:大自然具有一种约束力,使人类身高的分布相对稳定而不产生两极分化,这就是所谓的回归效应。

谷歌(Google)作为最大的搜索引擎,其最根本的技术核心是算法! 谷歌算法始于PageRank,这是 1997 年拉里·佩奇(Larry Page)在斯坦福大学读博士学位时开发的。佩奇的创新性想法是:把整个互联网网页复制到本地数据库,然后对网页上所有的链接进行分析。基于链接的数量和重要性,以及锚文本对网页的受欢迎程度进行评级,也就是通过网络的集体智慧确定哪些网站最有用(锚文本又称锚文本链接,与超链接类似,超链接的代码是锚文本,把关键词作为一个链接,指向其他的网页,这种形式的链接就称为锚文本)。MP3 播放器等便携式电子产品依靠音频/视频压缩算法来节省空间;GPS 导航仪利用高效的最短路径算法来规划最短路线等。很多图灵奖奖项都颁发给了在算法设计及分析方面有所建树的科学家。

算法无处不在,你鼠标的每一次单击,你在手机上完成的每一次购物,天上飞行的卫星,水下游弋的潜艇,拴着你钱袋子的股票涨跌——我们这个世界,正是建立在算法之上。未来世界,仍将是建立在算法之上。

1.3.2　算法的分类

按照算法所使用的技术领域,算法可大致分为基本算法、数据结构算法、数论与代数算法、计算几何的算法、图论的算法、动态规划以及数值分析、加密算法、排序算法、检索算法、随机化算法、并行算法、随机森林算法等。

按照算法的形式,算法可分为以下三种。

(1) 生活算法:完成某一项工作的方法和步骤。

(2) 数学算法:对一类计算问题的机械且统一的求解方法,如求一元二次方程的解、求圆面积、立方体的体积等。

(3) 计算机算法:对运用计算思维设计的问题求解方案的精确描述,即一种有限、确定、有效并适合计算机程序来实现的解决问题的方法。

比如,人们玩扑克的时候,如果要求同花色的牌放在一起而且从小到大排序,人们一般都会边摸牌边把每张牌依次插入到合适的位置,等把牌摸完了,牌的顺序也排好了。这是我们生活中摸牌的一个的过程,也是一种算法。计算机学科就把这个生活算法转化成了计算机算法,称为插入排序算法。

💬 朴言素语

人类的生活算法或者数学算法,通过人类的思维活动,充分利用计算机的高速度、大存储、自动化的特点,可以生成计算机算法来帮助人类解决现实世界中的问题。算法和程序设计是培养计算思维的载体,运用科学理论思维来观察、分析和解决问题,是我们每个人都应该掌握的能力。

1.3.3　算法的特征

一个算法应该具有以下五个重要的特征。

(1) 确切性。算法的每一个步骤必须具有确切的定义,不能有二义性。

(2) 可行性。算法中执行的任何计算步骤都是可以被分解为基本的可执行的操作步骤,即每个计算步骤都可以在有限时间内完成(也称之为有效性)。

（3）输入项。一个算法有零个或多个输入,以刻画运算对象的初始情况,所谓零个输入是指算法本身设定了初始条件。

（4）输出项。一个算法有一个或多个输出,以反映对输入数据加工后的结果。没有输出的算法是毫无意义的。

（5）有穷性。一个算法必须保证在执行有限步后能够结束。

例如操作系统,是一个在无限循环中执行的程序,因而不是一个算法。但操作系统的各种任务可看成是单独的问题,每一个问题由操作系统中的一个子程序通过特定的算法来实现,该子程序得到输出结果后便终止。

1.3.4　算法的描述

计算机算法的描述方式主要有以下几种。

1. 自然语言

自然语言就是人们日常所用的语言,方便,无需再专门学习,这是其优点。但自然语言描述算法的缺点也有很多:自然语言的歧义性易导致算法执行的不确定性;自然语言语句太长会导致算法的描述太长;当算法中循环和分支较多时就很难清晰表示;不便于翻译成程序设计语言。因此,人们又设计出流程图等图形工具来描述算法。

◆**例 1-1**　已知圆半径,计算圆面积的过程。

我们可以用自然语言表达出以下的算法步骤:

第一步,输入圆半径 r;

第二步,计算面积 S＝3.14×r×r;

第三步,输出面积 S。

2. 流程图

程序的流程图简洁、直观、无二义性,是描述程序的常用工具,一般采用美国国家标准化协会规定的一组图形符号,如图 1.1 所示。

◆**例 1-2**　用流程图表示例 1-1 的算法。

用流程图描述例 1-1 的算法,如图 1.2 所示。

对于十分复杂难解的问题,流程图的框图可以画得粗略一些,抽象一些,首先表达出解决问题的轮廓,然后再细化。流程图也存在缺点:使设计人员过早地考虑算法控制流程,而不去考虑全局结构,不利于逐步求精;随意性太强,结构化不明显;不易表示数据结构;层次感不明显等。

3. 盒图（N-S 图）

盒图层次感强、嵌套明确;支持自顶向下、逐步求精的设计方法;容易转换成高级语言。其缺点是不易扩充和修改,不易描述大型复杂算法。N-S 图中基本控制结构的表示符号如图 1.3 所示。

4. 伪代码

伪代码是用介于自然语言和计算机语言之间的文字和符号来描述算法的工具。它不

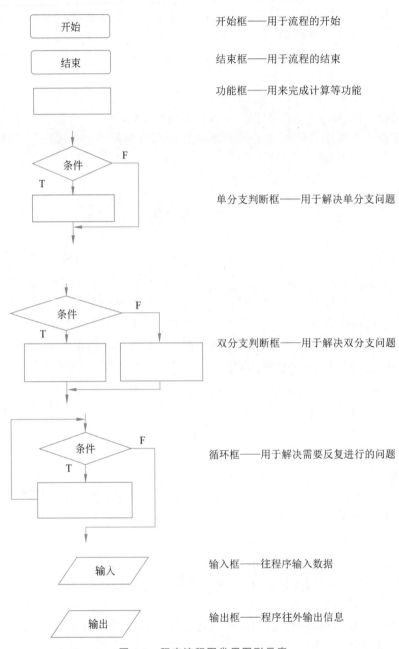

图 1.1 程序流程图常用图形元素

用图形符号,书写方便,语法结构有一定的随意性,目前还没有一个通用的伪代码语法标准。

常用的伪代码是用简化后的高级语言来进行编写的,如类 C、类 C++ 、类 Pascal 等。

5. 程序设计语言

以上算法的描述方式是为了方便人与人的交流,但算法最终是要在计算机上实现的。

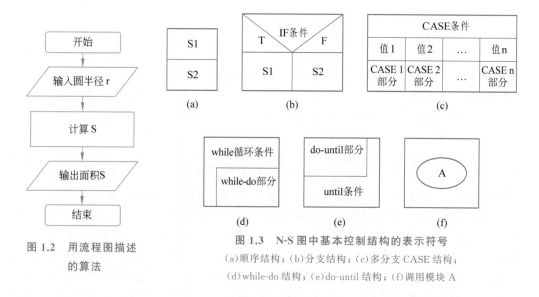

图 1.2　用流程图描述
的算法

图 1.3　N-S 图中基本控制结构的表示符号
(a)顺序结构；(b)分支结构；(c)多分支 CASE 结构；
(d)while-do 结构；(e)do-until 结构；(f)调用模块 A

用程序设计语言进行算法的描述，并进行合理的数据组织，就构成了计算机可执行的程序。

与人类社会使用语言交流相似，如果人要与计算机交流，就必须使用计算机语言。于是人们模仿人类的自然语言，人工设计出一种形式化的语言，即程序设计语言。

1.3.5　算法的实现——程序设计语言

程序设计语言体系和自然语言体系十分相似。我们可以回忆一下语文和英语的学习，就可以得出自然语言的学习过程：基本符号及书写规则→单词→短语→句子→段落→文章。因此，程序设计语言的学习过程也很类似：基本符号及书写规则→常量和变量→运算符和表达式→语句→过程和函数→程序。前面提到，在写作中，常常要求文章的语法规范、语义清晰。程序也要求清晰、规范，符合一定的书写规则。

传统程序设计语言的基本构成元素包括常量、变量、运算符、内部函数、表达式、语句、自定义过程或函数等。现代程序设计语言增加了类、对象、消息、事件和方法等。

1. 程序设计语言的分类

自 20 世纪 60 年代以来，世界上公布的程序设计语言已有上千种之多，但是只有很小一部分得到了广泛的应用。从发展历程来看，程序设计语言可以分为 4 代。

（1）机器语言。

机器语言（Machine Language）是计算机硬件系统能够直接识别的、不需翻译的计算机语言。机器语言中的每一条语句实际上是一条二进制形式的指令代码，由操作码和操作数组成。操作码指出进行什么操作；操作数指出参与操作的数或在内存中的地址。用机器语言编写程序工作量大、难于使用，但执行速度快。它的二进制指令代码通常随 CPU 型号的不同而不同，不能通用，因而说它是面向机器的一种低级语言。通常不用机器语言直接编写程序。

（2）汇编语言。

汇编语言（Assemble Language）是为特定计算机或计算机系列设计的。汇编语言用助记符代替操作码，用地址符号代替操作数。由于这种"符号化"的做法，所以汇编语言也称为符号语言。用汇编语言编写的程序称为汇编语言"源程序"。汇编语言程序比机器语言程序易读、易检查、易修改，同时又保持了机器语言程序执行速度快、占用存储空间少的优点。汇编语言也是面向机器的一种低级语言，不具备通用性和可移植性。

（3）高级语言。

高级语言（High Level Language）是第 3 代语言（3GL），是由各种有意义的词和数学公式按照一定的语法规则组成的，它更容易阅读、理解和修改，编程效率高。高级语言不是面向机器的，而是面向问题的，与具体机器无关，具有很好的通用性和可移植性。

不同的高级语言有不同的特点和应用范围。FORTRAN 语言是 1954 年提出的，是出现最早的一种高级语言，适用于科学和工程计算；BASIC 语言是初学者的语言，简单易学，人机对话功能强；Pascal 语言是结构化程序语言，适用于教学、科学计算、数据处理和系统软件开发，目前逐步被 C 语言所取代；C 语言程序简练、功能强，适用于系统软件、数值计算、数据处理等，成为目前高级语言中使用最多的语言之一；C++、C♯等面向对象的程序设计语言，给非计算机专业的用户在 Windows 环境下开发软件带来了福音；Java 语言是一种基于 C++ 的跨平台分布式程序设计语言。

（4）非过程化语言

上述的通用语言仍然都是"过程化语言"。编码的时候，要详细描述问题求解的过程，告诉计算机每一步应该"怎样做"。

第 4 代语言（4GL）是非过程化的，面向应用，只需说明"做什么"，不需描述算法细节。目前的 4GL 有：查询语言（比如数据库查询语言 SQL）和报表生成器；NATURAL、FOXPRO、MANTIS、IDEAL、CSP、DMS、INFO、LINC、FORMAL 等应用生成器；Z、NPL、SPECINT 等形式规格说明语言等。这些具有 4GL 特征的软件工具产品具有缩短应用开发过程、降低维护代价、最大限度地减少调试中出现的问题等优点。

2. 语言处理程序

程序设计语言能够把算法翻译成机器能够理解的可执行程序。语言处理程序是把用程序设计语言编写的源程序转换成机器语言的形式，以便计算机能够运行，这一转换是由翻译程序来完成的。翻译程序除了要完成语言间的转换外，还要进行语法、语义等方面的检查，翻译程序统称为语言处理程序，共有三种：汇编、编译和解释。

（1）汇编。

汇编过程是将汇编语言源程序翻译成等价的机器语言程序（即目标程序）。汇编语言编写的程序效率很高，例如，目前大多数外部设备的驱动程序就是用汇编语言编写的。汇编语言程序的执行过程，如图 1.4 所示。

（2）编译和解释。

编译方式是将高级语言源程序通过编译程序翻译成机器语言目标代码。由编译得到的目标代码经链接后形成可执行程序，执行速度比解释执行程序要快，但是人机会话功能差，调试修改比较复杂，如图 1.5 所示。解释方式是对高级语言源程序进行逐句解释，解释一句就执行一句，但不产生机器语言目标代码。大部分高级语言都采用编译方式。

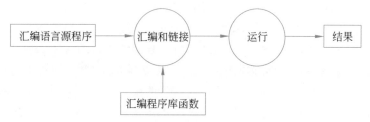

图 1.4　汇编语言程序的执行过程

图 1.5　从编译到执行的过程

1.4　程序设计中的数据和数据结构

在程序设计中,现实世界中的信息需要用编程语言提供的符号化手段来表示,这种符号化表示称为数据。

客观世界是复杂多样的、多变的,因此数据也是复杂的、多样的、多变的,而且不同的数据在存储、表示、运算上都有所不同。为此,高级程序设计语言都会对数据进行分类,以便规范和简化数据的处理过程。

一般来说,高级程序设计语言都预定一些基本数据类型,如 Python 语言中预定了数值、字符串、布尔、列表、元组、字典、集合等。而且程序设计语言还允许在基本数据类型的基础上构造更复杂的数据类型。此外,在程序设计语言中,每一种数据类型由两部分组成:全体合法的值和对合法值执行的各种运算(即各种数据类型的运算操作)。

高级语言提供的数据类型(如整型、字符串类型等)使我们在编程时不用考虑每种数据在计算机内部的存储细节以及运算的实现细节,直接按照数据类型的外部抽象数学特性来使用数据就可以,大大方便了程序设计。

计算机的程序是对信息(数据)进行加工处理。程序=算法+数据结构,程序的效率取决于两者的综合效果。随着信息量的增大,数据的组织和管理变得非常重要,它直接影响程序的效率。可以说算法是处理问题的策略,数据结构是问题的数学模型。

简单地说,数据结构是一门主要研究非数值计算的程序设计问题中所出现的计算机操作对象以及它们之间关系和操作的学科。

例如,很多数值计算问题都有其数学模型和解决方法,比如天天看到的天气预报,需要对环流模式方程求解;在房屋设计或桥梁设计中的结构应力分析,需要求解高次线性代数方程组等,这些问题可以通过数学方法进行表达。非数值计算型问题,比如对一组整数进行排序、图书检索、棋类对弈、煤气管道的铺设等,不能够通过数学方程表达出来,需要抽象出诸如表、树和图之类的数据结构,建立其问题的数学模型。例如,排序和图书检索问题可以使用线性模型,棋类对弈可以使用树状模型,煤气管道铺设可以使用网状模型。

因此,数据结构是计算机存储、组织数据的方式。数据结构是指相互之间存在一种或多种特定关系的数据元素的集合。数据结构研究数据的逻辑结构和物理结构以及它们之间的相互关系,并对这种结构定义相应的运算。通常情况下,精心选择的数据结构可以带来更高的运行或存储效率。数据结构往往与高效的检索算法和索引技术有关。

计算机中数据结构无处不在,比如,一副图像是由简单的数值组成的矩阵,一个图形中的几何坐标可以组成表,语言编译程序中使用的栈、符号表和语法树,操作系统中所用到的队列、树形目录等都是有结构的数据。

高级语言中固有的基本数据类型只能用来描述简单的数据。用户在解决实际问题时往往需要构建一些复杂的数据类型——描述该数据类型的数学特性,为它定义一组操作,这正是数据结构中抽象数据类型(Abstract Data Type,ADT)的建模方法。抽象数据类型是指一个数据模型以及定义在此模型上的一组操作。抽象数据类型需要通过固有数据类型(高级编程语言中已实现的数据类型)来实现。抽象数据类型是与表示无关的数据类型。对一个抽象数据类型进行定义时,必须给出它的名字及各运算的运算符名,即函数名,并且规定这些函数的参数性质。一旦定义了一个抽象数据类型及具体实现,在程序设计中就可以像使用基本数据类型那样,十分方便地使用抽象数据类型。

有关数据结构的相关理论和知识,这里不再详述,读者可以参考相关书籍。

1.5 算法思维问题求解的步骤

1. 问题求解模型

抽象是一种适用于问题表示的重要思维工具。在计算思维中,抽象思维最为重要的用途是产生各种各样的系统模型,作为解决问题的基础,因此建模是抽象思维更为深入的认识行为。但无论何种模型,均有如下特征:模型是对系统的抽象;模型由说明系统本质或特征的诸因素构成;模型集中表明系统因素之间的相互关系。因此建模过程本质上是对系统输入、输出状态变量以及它们之间的关系进行抽象。

问题求解模型分为以下两大类。

(1) 数学模型。数学模型是用数学表达式来描述系统的内在规律,它通常是模型的形式化表达,如解方程、证明定理、数据计算等各种数学方法。数学建模是抽象出问题,并用数学语言进行形式化描述。

例如,小学生做应用题"小红有 10 块糖,她把自己的一半分给了小明,问小明得到了几块糖?"时,可以进行数学建模,将问题抽象表示成 10 除以 2。这里显然只抽取了问题中的数量特征,完全忽略了糖的颜色、形状等不相关特性。这种忽略研究对象的具体的或无关的特性,而抽取一般的或相关的特性称为一般意义上的抽象。

(2) 非形式化的概念模型和功能模型。例如,在数学模型中表现为函数关系,在非形式模型中表现为概念、功能的结构关系或因果关系。也正因为描述的关系各异,所以建模手段和方法有多样。例如,可以通过对系统本身运动规律的分析,根据事物的机理来建模;也可以通过对系统的实验或统计数据的处理,结合已有的知识和经验来建模;还可以同时使用多种方法来建模。

近年来随着大数据技术的蓬勃发展,引起关注和重视的是学习模型。学习模型通过对于大量数据的训练或分析,输出相应的结论。常见的学习模型有支持向量机(Support Vector Machine,SVM)、人工神经网络(Artificial Neural Network,ANN)、聚类分析(Cluster Analysis,CA)、邻近分类(k-Nearest Neighbor,k-NN)等。不同的模型有着不同的获取结论的理论和方法。机器学习是利用学习模型获取结论的过程。一个典型的例子是 AlphaGo,尽管其结构和算法都是人们事先给定的,但是在通过大量的训练之后,已经无法对它的行为进行预测。这种不确定性正是学习模型的特殊之处。

计算机技术参与的建模有广泛的用途,可用于预测实际系统某些状态的未来发展趋势,如天气预报是根据测量数据建立气象变化模型;也可用于分析和设计实际系统;还可实现对系统的最优控制,即在建模基础上通过修改相关参数,获取最佳的系统运行状态和控制指标。建模不仅应用于物理系统,也同样适用于社会系统,复杂社会系统的建模思想已用于包括金融、生产管理、交通、物流、生态等多个领域的建模和分析。建模变得如此广泛和重要,计算思维功不可没,以至于有人认为,"建模是科学研究的根本,科学的进展过程主要是通过形成假说,然后系统地按照建模过程,对假说进行验证和确认取得的。"本书主要介绍数学建模。

2. 算法思维问题求解的步骤

人类解决问题的方式是当遇到一个问题时,首先从大脑中搜索已有的知识和经验,寻找它们之间具有关联的地方,将一个未知问题做适当的转换,转化成一个或多个已知问题进行求解,最后综合起来得到原始问题的解决方案。让计算机帮助我们解决问题也不例外,其步骤如下。

(1)建立现实问题的数学模型。首先要让计算机理解问题是什么,这就需要建立现实问题的数学模型,即人们通过使用问题领域知识来理解和定义问题,为其建立一个确切的模型,然后用恰当的数据结构表示该模型。

(2)算法设计与分析。在建立的数学模型的基础上,选择和使用适当的问题求解策略、技术和工具来设计和描述合适的算法。算法设计是设计一套将数学模型中的数据进行操作和转换的步骤,使其能演化出最终结果。算法分析主要是计算算法的时间复杂度和空间复杂度,从而找出解决问题的最优算法,提高效率。

计算机求解问题的核心是算法设计,而算法设计又高度依赖于数据结构。如果把数据结构比喻为建筑设计图,那么算法就是施工流程图。问题求解的关键是设计算法,也就是设计可实现的算法设计,设计可在有限时间和空间内执行的最优算法。

(3)算法的实现。根据设计的算法,选择适当的程序设计语言,设计适当的数据结构进行算法的实现,最终解决实际问题。

3. 数学建模

数学建模是运用数学的语言和方法,通过抽象、简化,建立对问题进行精确描述和定义的数学模型。简单地说,数学建模就是抽象出问题,并用数学语言进行形式化描述。

有一些表面上看似是非数值的问题,进行数字形式化后,就可以方便地进行算法设计。

如果研究的问题是特殊的,比如,我们每天要做的事情的顺序,因为每天不一样,就没有必要建立模型。如果研究的问题具有一般性,就有必要利用模型的抽象性质,为这类事件建立数学模型。模型是一类问题的解题步骤,亦即一类问题的算法。广义的算法就是事情的次序。算法提供一种解决问题的通用方法。

例 1-3 国际会议排座位问题。

现要举行一个国际会议,假设有 7 个人参会,分别用 a、b、c、d、e、f、g 表示。已知下列事实:a 会讲英语;b 会讲英语和汉语;c 会讲英语、意大利语和俄语;d 会讲日语和汉语;e 会讲德语和意大利语;f 会讲法语、日语和俄语;g 会讲法语和德语。

试问:如果这 7 个人召开圆桌会议应如何排座位,才能使每个人都能和他左右两边的人顺利地沟通交谈?

这个问题我们可以尝试将其转化为图的形式,建立一个图的模型,将每个人抽象为一个结点,人和人的关系用结点间的关系(即边)来表示。于是得到结点集合 V ＝ {a,b,c,d,e,f,g}。对于任意的两点,若有共同语言,就在它们之间连一条无向边,可得边的集合 E＝{ab,ac,bc,bd,df,cf,ce,fg,eg},图 G＝ {V,E},如图 1.6 所示。

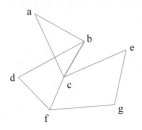

图 1.6　用数学语言来表示的问题模型

这时问题转化为在图 G 中找到一条哈密顿回路的问题。

哈密顿图是一个无向图,由天文学家哈密顿提出。哈密顿回路是指从图中的任意一点出发,经过图中每一个结点当且仅当一次。这样,我们便从图中得出,a-b-d-f-g-e-c-a 是一条哈密顿回路,照此顺序排座位即可满足排座位问题的要求。

例 1-4 警察抓小偷的问题。

警察局抓了 a、b、c、d 四名偷窃嫌疑犯,其中只有一人是小偷。审问记录如下:

a 说:"我不是小偷。"

b 说:"c 是小偷。"

c 说:"小偷肯定是 d。"

d 说:"c 在冤枉人。"

已知:这四个人中三人说的是真话,一人说的是假话,请问:到底谁是小偷?

问题分析:假设变量 x 代表小偷。

审问记录的四句话,以及"四个人中三人说的是真话,一人说的是假话"分别翻译成计算机的形式化语言如下:

a 说：x≠'a'；

b 说：x='c'；

c 说：x='d'；

d 说：x≠'d'。

四个逻辑式的值之和应为：1+1+1+0=3。

使用自然语言描述的算法如下：

（1）初始化：x='a'；

（2）x 从'a'循环到'd'；

（3）对于每一个 x，依次进行检验：如果（x≠'a'）+（x='c'）+（x='d'）+（x≠'d'）的和为 3，则输出结果并退出循环，否则继续下一次循环。

数学建模的实质是：提取操作对象→找出对象间的关系→用数学语言进行描述。

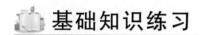 基础知识练习

（1）什么是计算思维？

（2）举例说明什么是数学建模？数学建模的意义何在？

（3）什么是算法？

（4）算法应具备哪些特征？

（5）算法的描述方式有哪些？

（6）举例说明"软件＝程序＋数据＋文档"的含义。

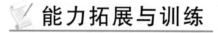 能力拓展与训练

一、角色模拟

有一个物流公司需要研发物流管理软件。围绕软件的功能和性能需求，读者可以分组自选角色，扮演用户和计算机技术人员，进行软件需求分析。要求写出软件需求分析报告。

（提示：与用户沟通获取需求的方法有很多，包括访谈、发放调查表、使用情景分析技术、使用快速软件原型技术等）

二、撰写简单的技术报告

（1）查阅资料，写一份关于二维码技术的报告，内容包括基本原理和最新发展情况。

（2）结合日常生活中的实例，比如，ATM 机系统、校园一卡通系统、银行存取款系统等，说明计算机问题求解的步骤。

第 2 章 Python 编程基础

合抱之木,生于毫末;九层之台,起于累土;千里之行,始于足下。

——(春秋)李耳,《老子》第六十四章

2.1 Python 语言概述

人类有了语言和文字后才有了蓬勃的文明发展;同样,计算机也是在有了计算机语言后,程序员才能通过编程与计算机进行高效地沟通。计算机语言、算法和程序是三位一体的,计算机语言是工具,算法是解题思路,是程序设计的灵魂,程序是用某种计算机语言来实现算法的技术。

Python 的创始人是 Guido van Rossum。1989 年圣诞节期间,在阿姆斯特丹,Guido为了打发圣诞节的无趣,决心开发一个新的脚本解释程序。之所以选 Python 作为该编程语言的名字,是因为他是一个叫 Monty Python 的喜剧团体的爱好者。

1991 年推出第 1 个版本后,Python 语言迅速得到了信息安全领域相关人员的认可,多年来一直是黑客技术相关领域的必备语言之一。近年来,随着大数据与人工智能的发展,Python 得到蓬勃发展,成为首选语言之一,目前已经渗透到几乎所有的领域,包括计算机安全、网络安全、数据采集、数据分析、科学计算、图像处理、网站开发、移动端应用开发、电子电路设计、无人机、辅助教育等。

2.1.1 Python 语言的特点

Python 是一种面向对象、解释型的计算机程序设计语言。Python 的设计哲学是优雅、明确和简单。

(1)以快速解决问题为主要出发点,不涉及过多的计算机底层知识,需要记忆的语言细节少,可以快速入门。

(2)支持命令式编程、函数式编程、面向对象程序设计等模式,使代码更优雅。

(3)语法简洁清晰,代码布局优雅,可读性和可维护性强。强制要求的缩进的代码排版,增强了代码的可读性和可维护性。

（4）内置数据类型、内置模块和标准库提供了大量功能强大的操作和对象，许多在其他编程语言中需要十几行甚至几十行代码才能实现的功能，在 Python 中被封装为一个函数，直接调用即可，降低了非计算机专业人士学习和使用 Python 的门槛。

（5）拥有大量的几乎支持所有领域应用开发成熟扩展库和狂热支持者。2020 年 8 月的数据显示 PYPI（Python Package Index，Python 第三方库的仓库）已经收录了超过 25 万个扩展库项目，可以快速解决不同领域的问题。

2.1.2　Python 语言的不同版本

Python 的版本，目前主要分为两大类：Python 2.x 的版本，被称为 Python2，比如 Python 2.7.3。Python 3.x 的版本，称为 Python3。本书使用的是 Python 3.9.2。

2.2　Python 环境

2.2.1　Python 环境搭建

如何在本地搭建 Python 开发环境呢？Python 可应用于多平台，包括 Linux 和 Mac OS X，这些系统已经自带 Python 支持，不需要再配置安装了。可以通过在终端窗口输入"python"命令来查看本地是否已经安装 Python 以及已安装的 Python 版本，然后根据需要升级或安装。

在 Window 平台上安装 Python 的简单步骤如下。

（1）Python 下载。打开 Python 官网主页 https://www.python.org/后选择适合自己的版本下载并安装即可。本书所有示例是在 Windows 10 上使用 Python 3.9.2 进行开发和演示的。

（2）打开 Web 浏览器访问官方网站：https://www.python.org/downloads/，在下载列表中选择 Window 平台安装包。

（3）双击下载包，进入 Python 安装向导，首先建议选择第二项自定义安装（Customize installation），并选择最下面的 Add Python 3.9 to PATH 选项，如图 2.1 所示。此选项的功能是把 Python 的安装路径以及 Scripts 子文件夹添加到系统环境变量的 Path 变量中，以后在命令行输入 python 命令就会去调用 python.exe，这样在任意路径下都可以启动 Python 了。

（4）选择第二项自定义安装后，在接下来的安装界面中，建议同时选择安装 pip（管理扩展库的工具）和 IDLE（Python 自带的开发环境），如图 2.2 所示。

（5）自行设置安装位置，建议设置简单一点的路径，否则在后面编程时不方便。比如，设置为"C:\Python39\"，如图 2.3 所示。

图 2.1　Python 安装界面

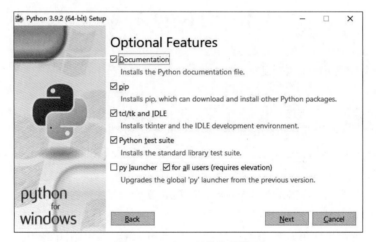

图 2.2　Python 安装选项界面

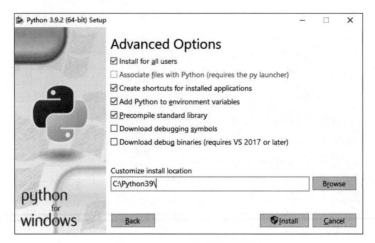

图 2.3　Python 安装选项界面

说明： 如果安装时没有勾选 Add Python 3.9 to PATH 选项，则需要手动配置系统环境变量。这是因为程序和可执行文件可能在各种各样的路径目录中，而这些路径很可能不在操作系统提供的可执行文件的搜索路径中。Path（路径）存储在环境变量中，这是由操作系统维护的一个命名的字符串。这些变量包含可用的命令行解释器和其他程序的信息。

在环境变量中添加 Python 目录的方法如下。

打开控制面板中的"系统"对话框，选择"高级系统设置"，在"系统变量"对话框中单击右下角的"环境变量"按钮，在弹出的对话框中选择系统变量"Path"行，单击"编辑"按钮，在弹出的对话框中单击"新建"按钮，输入 Python 安装路径以及 Scripts 子文件夹路径，这里是"C:\Python39\"和"C:\Python39\Scripts\"。

如果不清楚安装 Python 的安装路径，可以在"开始"菜单找到 IDLE（Python 3.9 64-bit）选项，右击，在弹出的快捷菜单中选择"打开文件位置"。

2.2.2　Python 的开发环境

Python 的开发环境有很多，除了适合初学者的 Python 官方安装包自带的 IDLE 外，还有 Eclipse、PyCharm、wingIDE、Anaconda3、VS Code 等软件也提供了功能更加强大的 Python 开发环境，其中 Anaconda3 是非常优秀的数据科学平台，支持 Python 语言和 R 语言，集成了大量扩展库，可以在 Anaconda3 官方网站中下载安装。

使用 Python 官方安装包安装后，默认使用 IDLE 为集成开发环境，本书均以 IDLE 为例。

1. IDLE 的启动

IDLE 是与 Python 一起安装的，只要确保在安装界面中选中了"Tcl/Tk and IDLE"组件（默认时该组件是处于选中状态的）。

安装好 Python 后，在"开始"菜单选择 Python 3.9→IDLE（Python 3.9 64-bit）命令，即可启动 Python 解释器 IDLE，并可以看到当前安装的 Python 版本号，如图 2.4 所示。

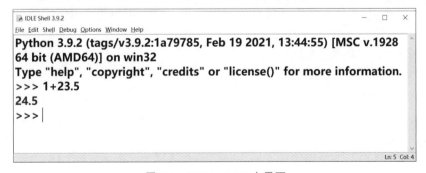

图 2.4　Python 3.9.2 主界面

2. IDLE 的交互模式

启动 IDLE 后,首先映入我们眼帘的是 IDLE Shell,通过它可以在 IDLE 内部执行 Python 命令。除此之外,IDLE 还带有编辑器、交互式解释器和调试器。

"$>>>$"是 Python 的默认交互提示符。这是一个增强的交互命令行解释器窗口,具有较强的编辑功能,方便进行简单交互程序的编辑。例如:

```
>>> 1+2
3
>>> import math
>>> math.sqrt(9)
3.0
```

在交互模式中运行代码,能清楚地了解执行过程,比较适合用来查看或者验证某个特定的语句,但代码不方便保存和修改,如果要保存代码,需要使用文件编辑模式。

3. 配置 IDLE

在使用 IDLE 之前,建议进行如下的配置,方便以后的使用。

单击菜单 Option→Configure IDLE,打开配置界面,在 Fonts/Tabs 选项卡中设置字体(推荐使用 Consolas 字体)、字号以及代码缩进的单位(推荐使用 4 个空格),在 General 选项中,勾选复选框 Show line numbers in new windows,设置在程序文件中显示行号。

4. IDLE 的文件编辑模式

(1) 新建与编辑。

按 Ctrl+N 或在 IDLE 的 File 菜单中选择 New File 选项,则会打开一个新的空白窗口,在此窗口中即可进行大段落编写代码,这里要注意每行顶格写。

(2) 保存和运行。

完成编辑后,按 Ctrl+S 或在 File 菜单中选择 Save 选项保存文件。如果未保存直接运行将会出现提示,提醒用户请先保存文件。保存文件时,文件的扩展名为.py 或.pyw,后者一般用于带有菜单、按钮、组合框或其他元素的 GUI 程序。

保存后,按 F5 键或选择 Run 菜单的 Run Module 选项运行程序。这时,如果程序无错误,即可在 IDLE 的交互编辑环境看到输出结果。由于此交互环境已经保存了刚刚运行的这个程序,所以可以继续在此交互环境中检查或者使用之前定义的变量、函数等信息,这对于调试程序非常有帮助。

(3) 打开已有的 Python 程序。

双击要打开的.py 文件,也可以运行 Python 程序,但这时有可能看到一个窗口一闪而过,这说明程序已经运行,只是输出时间太快。为了看到输出结果,可以在程序末尾加一个 input 函数。例如:

```
input("程序运行结束,按回车键退出。")
```

这种方法看不到程序源代码,显然很不方便,因此建议使用如下方法。

方法 1:右击要打开的.py 文件,在弹出的快捷菜单中选择 Edit with IDLE,在其级联

菜单中再选择 Edit with IDLE 3.9(64-bit),如图 2.5 所示。这时将进入文件编辑模式,按
F5 键或选择 Run 菜单的 Run Module 命令运行程序即可。

	学生参考-Python安装和使用指南	2021/3/1 18:36	文件夹	
	1.8 Python的输入与输出.pdf	2019/5/7 18:55	Adobe Acrobat ...	727 KB
	sy2-3.nv	2017/5/15 18:48	Python File	1 KB
	打开(O)	0/2/25 19:05	Python File	1 KB
	Edit with IDLE > Edit with IDLE 3.9 (64-bit)			1 KB
	使用 Skype 共享	0/2/25 19:07	Python File	1 KB
	添加到压缩文件(A)...	0/3/1 16:56	Microsoft Power...	1,115 KB
	添加到 "sy2-3.zip" (T)	0/2/27 16:52	Microsoft Word ...	17 KB
	其他压缩命令 >	0/2/26 11:13	Microsoft Word ...	19 KB
	共享			
	打开方式(H) >			

图 2.5　右击程序文件

方法 2:启动 IDLE,然后在 File 菜单中选择 Open 命令。

5. 使用 IDLE 的调试器

软件开发过程中,总免不了出现这样或那样的错误,如语法错误、逻辑错误、运行错误
等。对于语法错误,Python 解释器能很容易地检测出来,这时它会停止程序的运行并给出
错误提示。对于其他类型的错误,往往需要对程序进行调试。

(1) 最简单的调试方法是直接显示程序数据。

例如,可以在某些关键位置用 print 语句显示出变量的值,从而确定有没有出错。但
是这种办法比较麻烦,因为开发人员必须在所有可疑的地方都插入 print 语句。等到程
序调试完后,还必须将这些语句全部清除。

(2) 使用调试器来进行调试。

使用调试器可以分析被调试程序的数据,并监视程序的执行流程。

调试器的功能包括暂停程序执行、检查和修改变量、调用方法而不更改程序代码等。
IDLE 也提供了一个调试器,帮助开发人员来查找逻辑错误。

IDLE 调试器的使用方法如下。

选择 Debug 菜单中的 Debugger 命令,就可以启动 IDLE 的交互式调试器。这时,
IDLE 会打开 Debug Control 窗口,并在 Python Shell 窗口中输出[DEBUG ON]并后跟
一个>>>提示符。这样,就能像平时那样使用这个 Python Shell 窗口了。可以在 Debug
Control 窗口查看局部变量和全局变量等有关内容。如果要退出调试器的话,可以再次单
击 Debug 菜单中的 Debugger 菜单项,IDLE 会关闭 Debug Control 窗口,并在 Python
Shell 窗口中输出[DEBUG OFF]。

6. IDLE 的使用特性

IDLE 为开发人员提供了许多有用的特性,如自动缩进、语法高亮显示、单词自动完
成以及命令历史等。在这些功能的帮助下,能够有效地提高我们的开发效率。

(1) 缩进。

当按回车键之后,IDLE 自动进行了缩进。一般情况下,IDLE 将代码缩进一级,即 4
个空格。如果想改变这个默认的缩进量的话,可以从文件编辑模式的 Format 菜单选择

New indent width 项来进行修改。对初学者来说,需要注意的是,尽管自动缩进功能非常方便,但是我们不能完全依赖它,因为有时候自动缩进未必符合要求,所以还需要仔细检查一下。

（2）语法高亮显示。

所谓语法高亮显示,就是对代码不同的元素使用不同的颜色进行显示。默认情况下,关键字显示为橘红色,注释显示为红色,字符串为绿色,定义和解释器的输出显示为蓝色,控制台输出显示为棕色。在输入代码时,会自动应用这些颜色来突出显示。

语法高亮显示的好处是,可以更容易区分不同的语法元素,从而提高可读性;与此同时,语法高亮显示还降低了出错的可能性。比如,如果输入的变量名显示为橘红色,那么就说明该名称与预留的关键字冲突,所以必须给变量更换名称。

（3）自动输入提示功能。

自动输入提示是指当用户输入单词的一部分后,按 Alt＋/组合键或从 Edit 菜单选择 Expand word 项,IDLE 就能够根据语法或上下文来补全该单词。对于 Python 的关键字,比如函数,只需输入开头的一个或几个字母,然后 Edit 菜单选择 Show completetions,IDLE 就会给出一些列表选项请用户选择。IDLE 还可以显示语法提示,比如输入"print(",IDLE 会弹出一个语法提示框,显示 print 函数的语法格式。

（4）命令历史功能。

命令历史可以记录会话期间在命令行中执行过的所有命令。在提示符下,可以按 Alt＋P 组合键找回这些命令,每按一次,IDLE 就会从最近的命令开始检索命令历史,按命令使用的顺序逐个显示。按 Alt＋N 组合键,则可以反方向遍历各个命令,即从最初的命令开始遍历。

在 IDLE 环境中,除了剪切(Ctrl＋X)、复制(Ctrl＋C)、粘贴(Ctrl＋V)、全选(Ctrl＋A)、撤销(Ctrl＋Z)等常规快捷键外,其他常用快捷键如下:

- Alt＋P:浏览历史命令(上一条)。
- Alt＋N:浏览历史命令(下一条)。
- Ctrl＋F6:重新启动 Shell,之前定义的对象和导入的模块全部失效。
- Alt＋/:自动完成单词,只要文中出现过,就可以帮你自动补全。多按几次可以循环选择。
- Ctrl＋]:缩进代码块。
- Ctrl＋[:取消缩进代码块。
- Alt＋3:注释代码行。
- Alt＋4:取消注释代码行。
- F1:打开 Python 帮助文档。

> **注意**:在本书的示例中,带有符号">>>"的代码是指在 IDLE 交互环境下运行的代码;不带此提示符的表示是以文件模式运行的。

2.2.3　在 PowerShell 或命令提示符环境下运行 Python 程序

除了可以在 Python 开发环境中运行 Python 程序之外，也可以在 PowerShell 或命令提示符环境下运行 Python 程序。

1. 在 PowerShell 环境下运行 Python 程序

在 PowerShell 环境中运行 Python 程序的方法如下。

（1）首先进入要运行的程序所在文件夹，比如这里是 D:\syg。

（2）按下 Shift 键，在窗口空白处右击，在弹出的快捷菜单中选择"在此处打开 PowerShell 窗口"。

（3）然后执行命令：

[Python 安装文件夹]python <要运行的程序>

比如这里是 D:\syg\python t1.py，如图 2.6 所示。如果计算机中只安装了一个版本的 Python 解释器且已经配置好系统变量 Path，则可以省去命令中的[Python 安装文件夹]。

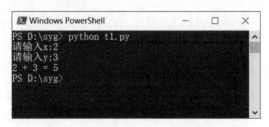

图 2.6　在 PowerShell 环境中运行程序

2. 在命令提示符环境下运行 Python 程序

在命令提示符环境中运行 Python 程序的方法如下。

（1）首先进入命令提示符环境。

在 Windows 10 系统中，在"开始"菜单旁边的搜索框中输入"cmd"后按回车键；或按下 Win＋R 组合键，在弹出的对话框中输入"cmd"，单击"确定"按钮。

（2）运行 Python 程序有如下两种方法。

一种方法是使用 cd 命令进入 Python 安装文件夹下（这里是 cd c:\Python39），然后执行命令：

python <要运行的程序的完整路径和文件名>

比如这里是 python d:\syg\t1.py，如图 2.7 所示。

另一种方法是使用 cd 命令切换到程序所在文件夹（这里是 D:\syg，所以要先切换盘符），然后执行命令：

<Python 安装文件夹路径>python <要运行的.py 程序>

比如这里是 c:\python39\python t1.py，如图 2.7 所示。

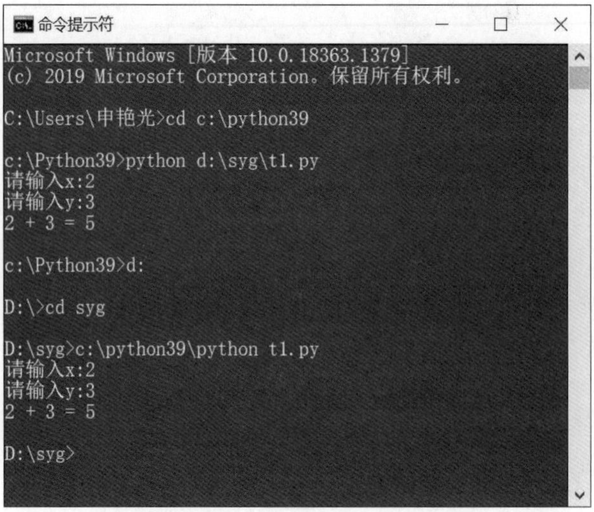

图 2.7　在命令提示符环境中运行程序

2.3　查看 Python 帮助文档的方法

Python 的一个优势是有着大量自带和在线的模块(module)资源,可以提供丰富的功能。模块和函数数量庞大,在使用这些模块的时候,如果每次都去网站找在线文档会过于耗费时间,而且结果也不一定准确。因此这里介绍 Python 自带的查看帮助功能,可以在编程时不中断地迅速找到所需模块和函数的使用方法。

1. 通用帮助函数

help()是 Python 的通用帮助函数,可以查询到几乎所有的帮助文档。在 Python 命令行中键入 help(),可以看到如下内容:

```
>>> help()

Welcome to Python 3.9's help utility!

If this is your first time using Python, you should definitely check out the
tutorial on the Internet at https://docs.python.org/3.9/tutorial/.

Enter the name of any module, keyword, or topic to get help on writing
Python programs and using Python modules.  To quit this help utility and return
to the interpreter, just type "quit".

To get a list of available modules, keywords, symbols, or topics, type
"modules", "keywords", "symbols", or "topics".  Each module also comes with a
one- line summary of what it does; to list the modules whose name or summary
contain a given string such as "spam", type "modules spam".
```

进入帮助文档界面,可以根据屏幕提示,键入相应关键词进行查询,比如继续键入 modules,可以列出当前所有安装的模块,如下所示:

```
help> modules
Please wait a moment while I gather a list of all available modules...

AutoComplete          _pyiofilecmppyscreeze
AutoCompleteWindow  _random                fileinputpytweening
......

Enter any module name to get more help.  Or, type "modules spam" to search for
modules whose name or summary contain the string "spam".
```

还可以继续键入具体的模块名称,得到该模块的帮助信息。

2. 模块帮助查询

如果不希望按这样层级式地向下查询,也可以直接查询特定模块和函数的帮助信息,注意使用时需要首先导入该模块。

(1) help(module_name)可以查看.py 结尾的普通模块。例如,要查询 math 模块,可以如下操作:

```
>>> import math        #导入 math 模块
>>> help(math)
Help on built-in module math:

NAME
    math

DESCRIPTION
    This module is always available.  It provides access to the
    mathematical functions defined by the C standard.

FUNCTIONS
acos(...)
acos(x)

        Return the arc cosine (measured in radians) of x.
...
```

(2) sys.builtin_module_names 可以查看内建模块。例如:

```
>>> import sys        #导入 sys 模块
>>> sys.builtin_module_names
('_ast', '_bisect', '_codecs', '_codecs_cn', '_codecs_hk', '_codecs_iso2022',
'_codecs_jp', '_codecs_kr', '_codecs_tw', '_collections', '_csv', '_datetime',
'_functools', '_heapq', '_imp', '_io', '_json', '_locale', '_lsprof', '_md5',
'_multibytecodec', '_opcode', '_operator', '_pickle', '_random', '_sha1',
'_sha256', '_sha512', '_signal', '_sre', '_stat', '_string', '_struct',
```

```
'_symtable', '_thread', '_tracemalloc', '_warnings', '_weakref', '_winapi',
'array','atexit', 'audioop', 'binascii', 'builtins', 'cmath', 'errno',
'faulthandler', 'gc', 'itertools', 'marshal', 'math', 'mmap', 'msvcrt', 'nt',
'parser', 'sys', 'time', 'winreg', 'xxsubtype', 'zipimport', 'zlib')
```

3. 查询函数信息

(1) 要查看模块下的所有函数。语法格式如下：

```
dir(module_name)
```

这里同样需要首先导入该模块，例如：

```
>>> import math
>>> dir(math)
['__doc__', '__loader__', '__name__', '__package__', '__spec__', 'acos',
'acosh', 'asin', 'asinh', 'atan', 'atan2', 'atanh', 'ceil', 'copysign', 'cos',
'cosh', 'degrees', 'e', 'erf', 'erfc', 'exp', 'expm1', 'fabs', 'factorial',
'floor', 'fmod', 'frexp', 'fsum', 'gamma', 'gcd', 'hypot', 'inf', 'isclose',
'isfinite', 'isinf', 'isnan', 'ldexp', 'lgamma', 'log', 'log10', 'log1p',
'log2', 'modf', 'nan', 'pi', 'pow', 'radians', 'sin', 'sinh', 'sqrt', 'tan',
'tanh', 'trunc']
```

(2) 查看模块下特定函数信息的方法是 help(module_name.func_name)。例如，查看 math 下的 sin()函数：

```
>>> help(math.sin)
Help on built-in function sin in module math:

sin(...)
    sin(x)

    Return the sine of x (measured in radians).
```

(3) 查看函数信息的另一种方法是 print(func_name.__doc__)。语法格式如下：

```
print(func_name.__doc__)
```

其中，__doc__ 前后是两个短下画线。

例如，可以如下查看内建函数 print()的用法：

```
>>> print(print.__doc__)
print(value, ..., sep = ' ', end = '\n', file = sys.stdout, flush = False)

Prints the values to a stream, or to sys.stdout by default.
Optional keyword arguments:
file:  a file-like object (stream); defaults to the current sys.stdout.
sep:   string inserted between values, default a space.
end:   string appended after the last value, default a newline.
flush: whether to forcibly flush the stream.
```

2.4　Python 编程基础

前面提到,传统程序的基本构成元素包括常量、变量、运算符、内部函数、表达式、语句、自定义过程或函数等。现代程序增加了类、对象、消息、事件和方法等元素。高级语言体系和自然语言体系十分相似。计算机语言的学习过程一般是:基本符号及书写规则→常量和变量→运算符和表达式→语句→过程和函数→程序。

2.4.1　标识符和关键字

标识符是程序中用来表示变量、函数、类、模块和其他对象的名称。

1. 标识符的命名规则

在 Python 中,标识符由字母、汉字、数字以及下画线组成,不能以数字开头,也不能与 Python 中的关键字(保留字)相同。Python 中的标识符区分大小写,不限定长度。

> **注意**:在 Python 3.x 中,标识符还可以使用阿拉伯文、中文、日文或俄文字符或 Unicode 字符集支持的任意其他语言中的字符进行命名,但不建议使用。Unicode 又称为统一码、万国码、单一码,是计算机科学领域里的一项业界标准,它包括字符集、编码方案等。Unicode 为每种语言的每个字符设定了统一并且唯一的二进制编码,以满足跨语言、跨平台进行文本转换与处理的要求。

2. Python 关键字

在交互方式中输入 help()→keywords,可以进入帮助系统,查看 Python 的所有关键字列表,并可以根据提示查看某个关键字的说明信息。退出帮助系统使用 quit 命令。

```
>>> help()

Welcome to Python 3.9's help utility!

If this is your first time using Python, you should definitely check out the
tutorial on the Internet at https://docs.python.org/3.9/tutorial/.

Enter the name of any module, keyword, or topic to get help on writing
Python programs and using Python modules.  To quit this help utility and return
to the interpreter, just type "quit".

To get a list of available modules, keywords, symbols, or topics, type
"modules", "keywords", "symbols", or "topics".  Each module also comes with a
one- line summary of what it does; to list the modules whose name or summary
contain a given string such as "spam", type "modules spam".

help> keywords
```

```
Here is a list of the Python keywords.  Enter any keyword to get more help.

False            break            for              not
None             class            from             or
True             continue         global           pass
__peg_parser__   def              if               raise
and              del              import           return
as               elifin           try
assert           else             is               while
async            except           lambda           with
await            finally          nonlocal         yield
```

> **注意**：在 Python 3.9.2 中，关键字共有 35 个，其中注意 True、False、None 这三个关键字的开头字母需要大写。

例 2-1　指出以下标识符中哪些是不合法的？为什么？

（1）while；（2）_2ss；（3）a_123；（4）C66；（5）age；

（6）20XL；（7）_name；（8）int64；（9）a+b；（10）my_score。

2.4.2　程序的书写规则

1. 程序的构成

常量是在程序运行过程中其值不发生改变的量，如 123、123.45、"sum＝"等。

变量是在程序运行过程中其值可以发生变化的量。变量具有名字、数据类型和值等属性。

表达式是常量、变量和运算符按一定规则连接而成的式子，如 1+2、a+b 等。单个的常量或变量可以看作表达式的特例，如 123、score 等。

（1）能表达完整意义的命令就构成一条语句，表达式也能构成语句。例如：

```
a = 5
1+2
a+b
```

（2）在 Python 中，一行就是一条语句，一行也可以写多条语句，每条语句之间用分号隔开。例如：

```
a = 5; b = 10
```

（3）如果一条语句需要分成多行写，可以使用反斜杠来表示续行。这种写法可读性差，不建议使用。例如：

```
a = (x+y-3) * 8+(x * y-x+29)/2\
 - (y+3) * (x+2)
```

（4）如果数据是元组、列表、字典，数据元素可以分多行书写且不需要续行符。例如：

```
a = [1,2,3,4,5,6,7,8,9,10,
     11,12,13,14,15,16,17]
print(a)
```

2. 行和缩进

Python 最具特色的就是用缩进来编写模块。缩进就是在一行中输入若干空格或制表符（按 Tab 键产生）后，再开始书写字符。缩进量相同的是一组语句，称为构造块或程序段。像 if、while、def 和 class 这样的复合语句，首行以关键字开始，以冒号（:）结束，该行之后的一行或多行代码构成程序段。

建议在每个缩进层次使用四个空格。使用制表符时要注意设置的缩进量是否为四个空格。

例 2-2 正确的缩进书写。

【程序 2-2.py】

```
1  if 5>3:
2      print("True")
3  else:
4      print("False")
```

例 2-3 请分析，下面程序运行后，为什么会出现语法错误？

【程序 2-3.py】

```
1  if 5>3:
2     print ("Answer")        #缩进 4 个空格
3     print ("True")          #缩进 4 个空格
4  else:
5    print ("Answer")         #缩进 2 个空格
6     print ("False")         #缩进 4 个空格
```

💬 **朴言素语**

作为程序员，必须在编写代码时，做到仔细严谨、有条不紊，这种一丝不苟的严谨作风和认真负责的工匠精神将使我们终身受益。

3. 注释

注释就是对代码的解释和说明，其目的是让人们能够更加轻松地了解代码。注释是编写程序时，编写程序的人给语句、程序段、函数等的解释或提示，能够提高程序代码的可读性和可理解性。

在 Python 中单行注释使用 # 开头，如例 2-2 所示。

多行注释使用三个单引号（'''）或三个双引号（"""）。例如：

```
'''
    此程序的功能是计算数列之和
```

```
    其中 Sum 代表数列和
    05.py
'''
```

又如：

```
"""
    此程序的功能是利用选择结构根据不同的行李重量计算运费
    其中 w 代表行李重量，s 代表运费
"""
```

> 朴言素语
>
> 　　开发人员编写的代码不仅自己要阅读，后续的测试人员和维护人员等团队其他人员都需要阅读，所以添加注释是一种良好的编程风格。注释是团队程序员之间交流的重要手段，好的注释可以提高软件的可读性和团队工作效率。清晰(可读性)第一，效率第二！同时也体现了换位思考、慈悲待人的美德。

4. 关键字与大小写

Python 对大小写敏感。关键字的各种自定义标识符在使用时要注意区别大小写。初学时一定要注意，比如，if 不能写成 If 或 IF，score 和 Score 是两个不同的变量名。

5. 空语句

如果一行中什么也没有，或只有空格、制表符(Tab)、换页符和注释，也是一条语句，称为空语句。空语句往往用来使程序的层次更清晰。

2.4.3　基本的输入和输出

　　任何计算机程序都是为了执行一个特定的任务，通过输入，用户才能告诉计算机程序所需的信息；有了输出，程序运行后才能告诉用户任务的结果。我们把输入输出统称为 Input/Output，或者简写为 I/O。input()和 print()是在命令行下最基本的输入和输出函数。

1. 输入

Python 提供了一个 input()函数，可以让用户输入字符串，并存放到一个变量里。格式如下：

```
<变量> = input([提示])，其中提示可以缺省。
```

例如，当输入

```
>>>name = input("请输入你的名字:")
```

并按下回车键后，Python 交互式命令行就会出现提示：

“请输入你的名字:”

并等待你的输入。输入完成后，Python 交互式命令行又回到"＞＞＞"状态。刚才输入的内容存放到 name 变量中了。可以直接输入 name 来查看其内容：

```
>>> name
'Helen'
```

> 注意：input()函数的返回值是字符串类型，即不论用户输入什么内容，一律作为字符串对待。

例 2-4　如果有以下程序，程序运行时输入 x 为 100，y 为 99，运行结果为什么是 False 呢？请分析。

【程序 2-4.py】

```
1    x = input("请输入 x:")
2    y = input("请输入 y:")
3    print(x>y)
```

【运行结果】

```
请输入 x:100
请输入 y:99
False
```

2. 输入时常用的类型转换函数

从例 2-4 我们知道，input()函数的返回值是字符串类型，所以如果要输入数值，常常需要使用 eval()、int()或 float()转换成数字类型。

（1）eval()函数。

eval(x)的作用是计算字符串 x 中有效的表达式值，从而将 x 转换成数字类型。例如：

```
>>> eval("100")
100
>>> eval('2 + 2')
4
```

例 2-5　如果希望例 2-4 运行结果为 True，如何修改程序呢？

【程序 2-5.py】

```
1    x = eval(input("请输入 x:"))
2    y = eval(input("请输入 y:"))
3    print(x>y)
```

【运行结果】

```
请输入 x:100
请输入 y:99
True
```

> **注意**：如果用户输入了特殊的字符串"__import__('os')"，将启动和打开系统应用程序，这给我们的程序运行带来一丝风险，所以在使用时一定要小心谨慎。比如下面运行结果将打开记事本程序。
>
> 请输入 x:__import__('os').startfile(r'c:\windows\notepad.exe')

（2）int()函数。

int(x[,base])的作用是把一个数字或字符串 x 转换成整数（舍去小数部分），base 为可选参数，指定 x 的进制，默认为十进制。例如：

```
>>> int(3.9)
3
>>> int("11",2)
3
>>> int("11",8)
9
>>> int("11",16)
17
```

（3）float()函数。

float()函数的作用是把一个数字或字符串 x 转换成浮点数。例如：

```
>>> float(12)
12.0
>>> float("12")
12.0
```

例 2-6 如果把例 2-5 程序中的 eval()改为 int()或 float()，结果如何呢？

```
1  x = int(input("请输入 x:"))
2  y = int(input("请输入 y:"))
3  print(x>y)
4  x = float(input("请输入 x:"))
5  y = float(input("请输入 y:"))
6  print(x>y)
```

【运行结果】

我们发现程序运行时，对于 x＝int(input("请输入 x："))，用户只能输入整数，如果输入其他类型的数据，将会出现运行错误信息：

```
请输入 x:100.0
Traceback (most recent call last):
  File "C:\Users\yanguangshen\Desktop\2-6.py", line 6, in <module>
    x = int(input("请输入 x:"))
ValueError: invalid literal for int() with base 10: '100.0'
```

3.输出

输出使用 print()函数。格式如下：

```
print(<输出项列表>,[ sep = <分隔符>, end = <结束符>])
```

其中：
- 输出项列表：指用逗号分隔开的多项内容。
- sep＝＜分隔符＞：指可以设置分隔符，如缺省 sep＝','，默认为空格。此项可以省略。
- end＝＜结束符＞：指可以设置结束符，如缺省 end＝';'，默认为换行符。此项可以省略。

在括号中加上字符串，就可以往屏幕上输出指定的文字。例如：

```
>>> print('The quick brown fox', 'jumps over', 'the lazy dog')
```

print()会依次打印每个字符串，遇到逗号“,”会输出一个空格，因此，输出字符串如下：

```
The quick brown fox jumps over the lazy dog
```

又如，如果上例加上后两项设置：

```
>>> print('The quick brown fox', 'jumps over', 'the lazy dog', sep = ',',
end = ';')
The quick brown fox,jumpsover,the lazy dog;
```

print()也可以打印数值，或者计算结果。例如：

```
>>> print(100 + 200)
300
```

可以把计算 100＋200 的结果打印得更漂亮一点：

```
>>> print('100 + 200 = ', 100 + 200)
100 + 200 = 300
```

> **注意**：对于 100 ＋ 200，Python 解释器会自动计算出结果为 300，但 '100 ＋ 200 ＝'是字符串，Python 把它原样输出。

◇ **例 2-7** 用户输入姓名***后，在屏幕上打印“Hello，***”。

【程序 2-7.py】

```
1    name = input('please enter your name: ')
2    print('hello,', name)
```

【运行结果】

```
please enter your name: lili
hello, lili
```

◇ **例 2-8** 输入年龄、身高和体重，然后在屏幕上显示出来。

【程序 2-8.py】

```
1   age = input("How old are you? ")
2   height = input("How tall are you? ")
3   weight = input("How much do you weigh? ")
4   print("So,you're",age,"old,",height,"talland",weight,"heavy.")
```

【运行结果】

```
How old are you? 18
How tall are you? 175
How much do you weigh? 72
So,you're18 old, 175tall and72heavy.
```

例 2-9 输入圆的半径，计算圆的周长与面积。

【程序 2-9.py】

```
1   r = float(input('输入圆的半径:'))
2   C = 2 * 3.14 * r
3   S = 3.14 * r * r
4   print("圆的周长为:",C)
5   print("圆的面积为:",S)
```

【运行结果】

```
输入圆的半径:1.2
圆的周长为:7.536
圆的面积为:4.521599999999999
```

基础知识练习

一、简答题

（1）简述 Python 的特点。

（2）在 IDLE 集成开发环境中，交互编辑方式与文件编辑方式的区别是什么？

（3）查看 Python 的模块和函数帮助文档有哪些方法？

（4）Python 程序编辑中缩进的作用是什么？

二、判断题

（1）Python 程序既可以在 IDLE Shell 中运行执行，也可以存储成扩展名为.py 的文本文件用 Python 解释器来执行。 （   ）

（2）Python 必须先声明变量类型后才能使用。 （   ）

（3）Python 中变量使用前不需要声明类型，赋值后由值确定其类型。 （   ）

三、指出以下正确的 Python 变量名

(1) 3k；(2)t%；(3)-age；(4)_age；(5)sum；(6)and；(7)a+b；(8)a123；(9)a12_3；(10)123_a；(11)a　123；(12)sin(x)；(13)x-1；(14)score；(15)_a；(16)＄123；(17)分数；(18)if；(19)for。

本章实验实训

一、实验实训目标

(1) 熟悉 IDLE、Python 的交互式解释器、记事本程序等 Python 开发环境的基本操作。

(2) 理解 Python 常量、变量和对象的创建和删除方式。

(3) 熟悉 Python 代码书写规则。

(4) 掌握 Python 基本输入与输出函数或语句的用法。

二、主要知识点

(1) Python 程序的创建和运行方式,包括在开发环境中直接运行 Python 程序和在命令提示符环境中运行 Python 程序的方式。

(2) 在 Python 中,标识符由字母、汉字、数字以及下画线组成,不能以数字开头,不能与 Python 中的关键字(保留字)相同。Python 中的标识符区分大小写,不限定长度。

(3) Python 最具特色的就是用缩进来写模块。缩进就是在一行中输入若干空格或制表符(按 Tab 键产生)后,再开始书写字符。建议在每个缩进层次使用四个空格。

(4) input()和 print()函数是命令行下最基本的输入和输出。

三、实验实训内容

【实验实训 2-1】　分别使用 Python 的交互式环境和 IDLE 集成开发环境的完成以下两个任务。

(1) 进行数学计算,求 100+200+300 的值。

(2) 在屏幕上显示"Hello，World"。

实现步骤

1. IDLE 的交互式编辑

(1) 启动 IDLE 集成开发环境,在交互式环境的提示符">>>"下,直接输入代码,按回车键,就可以立刻得到代码执行结果。

```
>>> 100+200+300
600
```

(2) 如果要让 Python 打印出指定的文字,可以用 print 语句,然后把希望打印的文字

用单引号或双引号引起来,但不能混用单引号和双引号:

```
>>> print ('Hello, World')
Hello, World
```

这种交互方式的缺点是没有把代码保存下来,下次运行时还要再输入一遍。下面我们使用第二种方法。

2. IDLE 的文件编辑

(1) 新建与编辑。按 Ctrl+N 或在 IDLE 的 File 菜单中选择 New File,会打开一个新的空白窗口,在此窗口中即可进行大段编程,注意每行顶格写。

```
print(100+200+300)
print('Hello World')
```

(2) 保存和运行。当完成编辑后,请按 Ctrl+S 或在 File 菜单中选择 Save 先保存文件。如果未保存直接运行将会出现提示,提醒用户请先保存。保存文件时,位置任意,但文件的扩展名必须为.py。

保存后,按 F5 键或选择 Run 菜单的 Run Module 进行运行。这时,如果程序无错误,即可在 IDLE 的交互编辑环境看到输出结果:

```
600
Hello World
```

实训小结:

在 Python 交互式环境下,直接输入代码可以立刻得到结果。如果需要编写大段的 Python 程序并保存,就需要使用 IDLE 提供的文件编辑模式。

【实验实训 2-2】 使用 Python 的交互式解释器。

在提示符"＞＞＞"下输入以下语句,分析运行结果。

```
>>> from math import *
>>> pi
>>> e
>>> id(107)
>>> id('abc')
>>> x = 107
>>> y = 107
>>> id(x)
>>> id(y)
>>> y = 2222
>>> id(y)
```

【实验实训 2-3】 使用 IDLE 集成开发环境编写和执行 Python 程序,输入＜姓名 1＞和＜姓名 2＞(这里运行时输入的是李明和张辉),在屏幕上显示如下的新年贺卡。

```
############################
李明

Happy New Year to you.

              Yours　张辉
############################
```

补全程序：

```
1  name1 = input("请输入收卡人:")
2  name2 = (_____ )
3  print("############################")
4  (_____ )
5  print()                              #空一行
6  print("Happy New Year to you.")
7  print()
8  print("            Yours ",name2)
9  (_____ )
```

【实验实训 2-4】　输入两个实数 x、y,编程计算并输出 x+y 的值。要求程序运行结果如下：

```
请输入 x:1.2
请输入 y:3.4
1.2 + 3.4 = 4.6
```

第 3 章 数据类型与基本运算

知不足,然后能自反也;知困,然后能自强也。

——《礼记·学记》

3.1 问题求解中的数据抽象

3.1.1 数据和数据类型

前面提到,在程序设计语言中,现实世界中的信息需要用程序设计语言提供的符号化手段进行表示,这种符号化表示称为数据。

数据的表示是对现实是世界问题的抽象。数据表示的选择,必须依据数据所执行的操作来考虑,以便更方便、高效地处理数据。

为什么要将数据划分为各种数据类型?

客观世界是复杂的、多样的、多变的,因此数据也是复杂的、多样的、多变的,而且不同的数据在存储、表示、运算上都有所不同。为此,程序需要对数据进行分类,以便规范和简化数据的处理过程。

一般来说,高级程序设计语言均提供以下 5 种数据类型。

(1) 整数。

(2) 浮点数:取值可以带小数点的数字类型。

(3) 布尔类型:取值为 True 和 False。

(4) 字符串类型:编程语言中表示文本的数据类型。

(5) 组合类型:多种类型的组合,往往是在基本数据类型的基础上构造的较复杂的数据类型。

在 Python 中的数据类型主要有数字类型、Bool(布尔)型、字符串类型、组合类型。其中,组合类型包括序列类型(包括字符串、列表、元组)、映射类型(字典)和集合类型。

一般高级语言中都提供类型判断函数。Python 中使用 type(x)函数进行类型判断。

格式:

```
type(对象)
```

作用：返回对象的相应数据类型。

在 Python 解释器内部，所有数据类型都采用面向对象方式实现，封装为若干个类。所以 type()函数返回的是各个类的名称。<class 'int'>代表整型，<class 'float'>代表浮点型，<class 'str'>代表字符串型，<class 'list'>代表列表类型，<class 'tuple'>代表元组类型，<class 'dict'>代表字典类型，<class 'set'>代表集合类型。例如：

```
>>> type(10)
<class 'int'>
>>> type(4.5)
<class 'float'>
>>> type("结果")
<class 'str'>
>>> type([1,2,3,4,5])
<class 'list'>
>>> type((1,2,3,4,5))
<class 'tuple'>
>>> type({">=90":2,">=80":15,">=70":10,">=60":5})
<class 'dict'>
>>> type({2,15,"ab"})
<class 'set'>
```

因为数据类型决定了合法的数据操作，不合法的操作将导致程序错误，因此数据类型的重要作用是通过类型检查来发现程序中的错误。例如，如果将一位学生的姓名乘以他的分数显然是没有意义的，可是计算机无法帮助我们发现这种无意义的操作错误，这种错误只能在程序运行时才能暴露出来。但如果有了类型的概念，编译器或解释器就能尽早发现程序中的这类错误，使得在程序运行之前就有机会发现和修改错误。

此外，在程序设计语言中，每一种数据类型由两部分组成：全体合法的值和对合法值执行的各种运算（即各种数据类型的运算操作）。

3.1.2　常量、对象、变量和动态类型化

一般程序设计语言使用常量、对象和变量三种基本的方式来引用数据。

1. 常量

常量是在程序执行期间值不发生改变的量。在 Python 中，常量主要有两种：直接常量和符号常量。

（1）直接常量。直接常量就是各种数据类型的常数值，如 123、123.45、True、False、'abc'等。

（2）符号常量。符号常量是具有名字的常数，用名字代替永远不变的数值。

在一些模块中有时用到符号常量，如常用的 math 模块中的 pi 和 e。

```
>>> from math import *
>>> pi
3.141592653589793
```

```
>>> e
2.718281828459045
```

2. 对象

在 Python 中，一切皆对象。数据、符号、函数等都是对象。Python 中每一个对象都有唯一的身份标识(id)、一种类型和一个值。

(1) 对象的 id 是一个整数，一旦创建就不再改变，可以把它当作对象在内存中的地址，使用 id()函数可以获得对象的 id 标识。例如：

```
>>> id(107)
1503203088
>>> id('abc')
243623031952
```

(2) 对象的类型决定了对象支持的操作，也定义了对象的取值范围。对象的类型也不能改变。前面介绍过，使用 type()函数可以返回对象的类型。

(3) 根据对象的值是否可以改变，分为可变对象和不可变对象。Python 中大部分对象是不可变对象，如数值对象、字符串、元组等。字典、列表等是可变对象。

(4) 可以使用 del 语句来删除单个或多个对象。del 语句的语法格式如下：

```
del var1[,var2[,var3[...,varN]]]
```

例如：

```
del var_a, var_b
```

3. 变量和动态类型化

变量是在程序运行过程中其值可以发生变化的量。变量具有名字、数据类型和值等属性。

绝大多数编程语言对变量的使用都有严格的类型限制。而 Python 语言采用的是另一种技术——动态类型化。Python 使用动态类型化来实现语言的简洁、灵活性和多态性。所谓 Python 的动态类型化，就是在程序运行的过程中自动决定对象的类型。

在 Python 中，变量并不是某个固定内存单元的标识，Python 的变量不需要事先声明，可以直接使用赋值运算符"="对其赋值，根据所赋的值来决定其数据类型，也就是说，不需要预先定义变量的类型。

变量指向一个对象，从变量到对象的连接称为引用。例如：

```
x = 5
```

表示创建了一个整型对象 5、变量 x，并使变量 x 连接到对象 5，也称变量 x 引用了对象 5 或 x 是对象 5 的一个引用。这个引用是可以动态的。变量类型就是它所引用的数据的类型。对变量的每一次赋值，都可以能改变变量的类型。

因为整数在程序中的使用非常广泛，为了优化速度，对于[−5,256]范围内的整数，Python 采取重用对象内存的办法。也就是说，此时 Python 采用的是基于值的内存管理

方式,如果为不同变量赋值相同值,则在内存中只有一份该值,多个变量指向同一块内存地址。例如:

```
>>> x = 107
>>> y = 107
>>> id(x)
1503203088
>>> id(y)
1503203088
```

[-5,256]范围以外的整数则不采用此内存管理方式。例如:

```
>>> x = 2222
>>> y = 2222
>>> id(x)
632978868944
>>> id(y)
632982163696
```

3.2　常用数据类型:数字、布尔型和字符串

3.2.1　数字类型

数字类型用于存储数值。改变数字数据类型会分配一个新的对象。当指定一个值时,数字对象就会被创建。例如:

```
var1 = 1
var2 = 10
```

Python 支持三种不同的数字类型:int(整数)、float(浮点数)和 complex(复数)。

1. 整数

在 Python 3.x 中,不再区分整数和长整数。整数的取值范围受限于运行 Python 程序的计算机内存大小。

整数类型有 4 种进制表示:十进制、二进制、八进制和十六进制,默认使用十进制,其他进制需要增加前导符,如表 3-1 所示。

表 3-1　整数类型的 4 种进制表示

进制	前导符	描　　述
十进制	无	默认情况,例如,123、-125
二进制	0b 或 0B	例如,0b11 表示十进制的 3
八进制	0o 或 0O	例如,0o11 表示十进制的 9
十六进制	0x 或 0X	例如,0x11 表示十进制的 17

2. 浮点数

Python 的浮点数就是数学中的小数,浮点数可以用一般的数学写法,如 1.23、3.14、−9.01 等。而对于很大或很小的浮点数,就必须用科学计数法表示,把 10 用 e 替代,把 $1.23×10^9$ 写成 1.23e9 或 12.3e8,把 0.000012 写成 1.2e−5 等。

在运算中,整数与浮点数运算的结果是浮点数,整数和浮点数在计算机内部存储的方式是不同的,整数运算永远是精确的,而浮点数运算则可能会有四舍五入的误差。

> **注意**:Python 要求所有浮点数必须带有小数部分,小数部分可以是 0,这种设计可以很好地区分浮点数和整数。

Python 浮点数的数值范围和小数精度受不同计算机系统的限制,使用 Python 变量 sys.float_info 可以查看所运行系统的浮点数的各项参数,依次为最大值、基数为 2 时最大值的幂、基数为 10 时最大值的幂、最小值、基数为 2 时最小值的幂、基数为 10 时最小值的幂、能准确计算的浮点数的最大个数、科学计数法中系数的最大精度、计算机所能分辨的两个相邻浮点数的最小差值等。例如:

```
>>> import sys
>>> sys.float_info
sys.float_info(max = 1.7976931348623157e+308, max_exp = 1024, max_10_exp =
308, min = 2.2250738585072014e-308, min_exp = -1021, min_10_exp = -307, dig =
15, mant_dig = 53, epsilon = 2.220446049250313e-16, radix = 2, rounds = 1)
```

3. 复数

复数由实数部分和虚数部分组成,一般形式为 x+yj,其中的 x 是复数的实数部分,y 是复数的虚数部分,这里的 x 和 y 都是实数。注意,虚数部分的字母 j 大小写都可以,如 5.6+3.1j 与 5.6+3.1J 是等价的。

对于复数 z,可以用 z.real 和 z.imag 分别获得它的实数部分和虚数部分。例如:

```
>>> a = 1+2j
>>> a.real
1.0
>>> a.imag
2.0
```

3.2.2　数字类型的运算

运算符是用来连接运算对象、进行各种运算的操作符号。Python 解释器为数字类型提供数值运算符、数值运算函数和数字类型转换函数等。

1. 数值运算符

数值运算符如表 3-2 所示,其中"＋""－"运算符在单目运算(单个操作数)中做取正号和负号运算,在双目运算(两个操作数)中做算术加减运算,其余都是双目运算符。

表 3-2　数值运算符与示例

数值运算符	描述	优先级	示　　例

**	幂运算	1	>>> 2**3
			8
			>>> 27**(1/3)
			3.0

~	按位取反(按操作数的二进制数运算,1取反为0,0取反为1)	2	>>> ~5 −6 因为 5 的 9 位二进制为 00000101,按位取反为 11111010,即−6
+、−	一元加号、一元减号	3	+3 的结果是 3,−3 的结果是−3

*、/、//、%	乘法、除法(默认进行浮点数运算,输出也是浮点数)、整商、求余数(模运算)	4	>>> 2 * 3
			6
			>>> 10/2
			5.0
			>>> 10//3
			3
			>>> 10%3
			1

+、−	加法、减法	5	>>> 10+3
			13
			>>> 10−3
			7

<<、>>	向左移位、向右移位	6	>>> 3<<2
			12
			>>> 3>>2

&	按位与(将两个操作数按相同位置的二进制位进行操作,两者均是 1 时结果为 1,否则为 0)	7	>>> 2&3 2
^	按位异或(将两个操作数按相同位置的二进制位进行操作,不相同时结果为 1,否则为 0)	8	>>> 2^3 1
│	按位或(将两个操作数按相同位置的二进制位进行操作,只要有一个为 1 结果即为 1,否则为 0)	9	>>> 2│3 3

　　数字类型之间相互运算所生成的结果是"更宽"的数字类型,即整数<浮点数<复数。基本规则如下。

　　(1) 整数之间运算,如果数学意义上的结果是整数,结果是整数。

　　(2) 整数之间运算,如果数学意义上的结果是小数,结果是浮点数。

　　(3) 整数和浮点数混合运算,输出结果是浮点数。

（4）整数或浮点与复数运算，输出结果是复数。

例如：

```
>>> 123+4.0
127.0
>>> 5.0-1+2j
(4+2j)
```

表 3-3 列出了 Python 语言支持的赋值运算符。

表 3-3　赋值运算符与示例

赋值运算符	描　　述	示　　例
＝	简单的赋值运算符，把赋值号"＝"右边的结果赋值给左边的变量	c＝a＋b
＋＝	加法赋值操作符	c＋＝a 类似于 c＝c＋a
－＝	减法赋值操作符	c－＝a 类似于 c＝c－a
*＝	乘法赋值操作符	c*＝a 类似于 c＝c*a
/＝	除法赋值操作符	c/＝a 类似于 c＝c/a
％＝	取模赋值操作符	c％＝a 类似于 c＝c％a
**＝	幂赋值运算符	c**＝a 类似于 c＝c**a
//＝	整商赋值运算符	c//＝a 类似于 c＝c//a

2. 数值运算函数

在 Python 解释器提供了一些内置函数，其中常用的数值运算函数如表 3-4 所示。

表 3-4　常用的内置数值运算函数与示例

数值运算函数	描　　述	示　　例

abs(x)	求绝对值，参数可以是整型，也可以是复数；若参数是复数，则返回复数的模	>>> abs(-5)
		5
		>>> abs(3+4j)
		5.0

divmod	分别向下取整商和求余数	>>> divmod(10,3)
		(3, 1)
		>>> divmod(-10,3)
		(-4, 2)
		>>> divmod(-10.6,3)
		(-4.0, 1.4000000000000004)

pow(x,y[,z])	pow(x,y)返回 x**y 的值
	pow(x,y,z)返回 x**y％z 的值
	pow()函数将幂运算和模运算同时进行，速度快，在加密解密算法和科学计算中非常适用
		>>> pow(2,4)
		16
		>>> pow(2,4,3)
		1

数值运算函数	描　述	示　例

round(x[,n])	返回 x 的四舍五入值,如给出 n 值,则表示舍入到小数点后的位数	>>> round(3.333)
		3
		>>> round(3.333,2)
		3.33

max(x1,x2,…,xn)	返回 x1,x2,…,xn 的最大值,参数可以为序列	>>> max(1,2,3,4)
		4
		>>> max((1,2,3),(2,3,4))
		(2, 3, 4)

min(x1,x2,…,xn)	返回 x1,x2,…,xn 的最小值,参数可以为序列类型	>>> min(1,2,3,4)
		1
		>>> min((1,2,3),(2,3,4))
		(1, 2, 3)

 注意:函数中的参数之间使用的是英文逗号,否则会出现语法错误。

例如,下例中第 2 个逗号为中文逗号,因而出现了错误信息。

```
>>> pow(2,4,3)
SyntaxError: invalid character in identifier
```

3. 数字类型转换函数

前面提到,在 Python 中,数字类型之间相互运算所生成的结果是"更宽"的数据类型,即数值运算符可以隐式地把输出结果的数字类型进行转换。此外,也可以通过内置的数字类型转换函数可以显式地进行转换,如表 3-5 所示。

表 3-5　常用的内置数字类型转换函数与示例

数字类型转换函数	描　述	示　例

int(x[,base])	把一个数字或字符串 x 转换成整数(舍去小数部分),base 为可选参数,指定 x 的进制,默认为十进制	>>> int(3.9)
		3
		>>> int("11",2)
		3
		>>> int("11",8)
		9
		>>> int("11",16)
		17

float(x)	把一个数字或字符串 x 转换成浮点数	>>> float(12)
		12.0
		>>> float("12")
		12.0
		注意:复数不能直接转换成其他数字类型,可以通过.real 和.imag 将复数的实部或虚部分别进行转换。例如:
		>>> float((10+99j).imag)
		99.0

续表

数字类型转换函数	描　　述	示　　例

complex(real[,imaginary])	把字符串或数字转换为复数。如果第一个参数(实数部分)为字符串,则不需要指定第二个参数(虚数部分)	>>> complex("2+1j")
		(2+1j)
		>>> complex("2")
		(2+0j)
		>>> complex(2,1)
		(2+1j)

3.2.3　布尔类型

Python 中的布尔类型用于逻辑运算,包含两个值: True(真)或 False(假),因为 Python 中布尔类型是整型的子类,所以 True 和 False 分别对应 1 和 0。例如:

```
>>> True == 1
True
>>> False == 0
True
>>> True + False + 2
3
```

> **注意**:Python 指定,0(包括 0.0、0j 等)、空值(None)和空对象 Null(空字符串、空列表、空元组等)等价于 False,任何非 0、非空值和非空对象则等价于 True。

bool()函数用于将给定参数转换为布尔类型。例如:

```
>>> False == 0.0
True
>>> False == 0j
True
>>> bool(0)
False
>>> bool(1.5)
True
>>> print(bool(None))
False
>>> print(bool([]))
False
>>> print(bool(''))
False
```

3.2.4　字符串类型

序列类型是 Python 中常用的数据结构。Python 的常用序列类型包括字符串、列表、元组。这里请注意它们的使用特点：

（1）序列类型具有双向索引的功能。

序列类型中的每个元素都分配一个数字——它的位置或索引，第一个索引是 0，第二个索引是 1，以此类推；如果使用负数作为索引，则最后一个元素下标为−1，倒数第二个元素下标为−2，以此类推。可以使用负数作为索引是 Python 序列类型的一大特色。

（2）序列类型具有切片（截取序列中部分对象）的功能。

 **注意**：格式为

s1 = s[起始位置 m:结束位置 n:[步长 k]]

作用：将 s 中指定区间的元素复制到 s1 中，这里注意索引的区间范围是"左闭右开"，即当步长为正数时，s[m:n:k]的对象范围是 s[m]至 s[n−k]；步长为负数时，按逆序获得对象，即 s[m:n:−k]的对象范围是 s[n]至 s[n+1]。例如，s[1:5:1]的对象范围是 s[1]至 s[4]。s[10:5:−2]的对象范围是 s[10]至 s[7]。

在后面字符串、列表、元组的切片操作中，将会举例说明。

1. 字符编码

最早的字符串编码是美国标准信息交换码 ASCII，仅对 10 个数字、26 个大写英文字母、26 个小写英文字母及一些其他符号进行了编码。ASCII 采用一个字节来对字符进行编码，共定义 128 个字符。

随着信息技术的发展和信息交换的需要，各国的文字都需要进行编码，不同的应用领域和场合对字符串编码的要求也略有不同，于是分别设计了不同的编码格式，常见的主要有 UTF-8、UTF-16、UTF-32、GB2312、GBK、CP936、base64、CP437 等。

Python 3.x 完全支持中文，使用 Unicode 编码格式。Unicode 也称为统一码、万国码、单一码，是计算机科学领域里的一项业界标准。Unicode 为世界上所有字符都分配了一个唯一的数字编号，这个编号范围从 0x000000 到 0x10FFFF（十六进制），有 110 多万。每个字符的 Unicode 编号一般写成十六进制，在前面加上 U+。例如，"马"的 Unicode 是 U+9A6C。Unicode 编号怎么对应到二进制表示呢？有多种方案，主要有 UTF-8、UTF-16、UTF-32，也就是说，UTF-8、UTF-16、UTF-32 都是 Unicode 的一种实现。

GB2312 是我国制定的中文编码，使用一个字节表示英文字符，2 个字节表示中文；GBK 是 GB2312 的扩充，CP936 是微软公司在 GBK 基础上开发的编码方式。GB2312、GBK 和 CP936 都是使用 2 个字节表示中文。不同编码格式之间相差很大，采用不同的编码格式意味着不同的表示和存储形式，把同一字符存入文件时，写入的内容可能会不同，在理解其内容时必须了解编码规则并进行正确的解码。如果解码方法不正确就无法还原信息。

在 Python 3.x 中，无论是一个数字、英文字母，还是一个汉字，都按一个字符对待和处理。

2. Python 字符串的界定符

字符串是 Python 中最常用的数据类型。可以使用引号（单引号、双引号和三引号）

来创建字符串。例如：

```
>>> var1 = 'Hello World!'
>>> print("var1: ", var1)
var1:  Hello World!
```

（1）使用单引号作为界定符时，可以使用双引号作为字符串的一部分。例如：

```
>>> print('"x =:"')
"x =:"
```

（2）使用双引号作为界定符时，可以使用单引号作为字符串的一部分。例如：

```
>>> print("'x =:'")
'x =:'
```

（3）使用三引号作为界定符时，可以使用单引号或双引号作为字符串的一部分，还可以换行。例如：

```
>>> print('''"python"''')
"python"
>>> print('''hello
python''')
hello
python
```

3. Python 转义字符

当需要在字符中使用特殊字符时，Python 用反斜杠(\)转义字符，如表 3-6 所示。

表 3-6   Python 转义字符

转义字符	描　　述
\\（以行尾时）	续行符
\\\\	反斜杠符号
\\'	单引号
\\"	双引号
\\a	响铃
\\b	退格（Backspace）
\\e	转义
\\000	空
\\n	换行
\\v	纵向制表符
\\t	横向制表符
\\r	回车
\\f	换页

续表

转义字符	描　　　述
\0yy	八进制数,yy 代表的字符,例如,\012 代表换行
\xyy	十六进制数,yy 代表的字符,例如,\x0a 代表换行
\other	其他的字符以普通格式输出

3.2.5　字符串类型的运算

1. 字符串运算符

字符串运算符如表 3-7 所示。

表 3-7　字符串运算符与示例

字符串运算符	描　　　述	示　　　例
+	字符串连接	>>> 'Hello'+'Python' 'HelloPython'
*	x * n 或 n * x 表示重复输出 n 次字符串 x	>>> 'Hello' * 2 'HelloHello'

in	成员运算符,如果字符串中包含给定的字符
	返回 True,否则返回 False
		>>> 'h' in 'hello'
		True
		>>> 'H' in 'hello'
		False

not in	成员运算符,如果字符串中不包含给定的字符
	符返回 True,否则返回 False
		>>> 'h' not in 'hello'
		False
		>>> 'H' not in 'hello'
		True

[]	索引:使用下标索引来访问值	>>> a='Hello'
		>>> a[1]
		'e'

[:]	切片:截取字符串中的子串	>>> a='Hello'
		>>> a[1: 4]
		'ell'
		>>> a[4: 1: -2]
		'ol'

2. 字符串类型的格式化

Python 支持格式化字符串的输出。最基本的用法是将一个值插入到一个包含字符串格式符 %s 的字符串中。例如:

```
>>> print ("My name is %s and weight is %d kg!" % ('xiaoming', 61))
My name is xiaoming and weight is 61 kg!
```

另外,Python 已经不在后续版本中使用类似 C 语言中 printf 的格式化方法,而是主要采用 format()方法进行字符串格式化,建议读者尽量采取此方法。

(1) format()方法的基本使用格式。

format()方法的基本使用格式如下:

```
<模板字符串>.format(<逗号分隔的参数>)
```

用法:将<逗号分隔的参数>按照序号关系替换到<模板字符串>的一对大括号"{}"所代表的槽中(从 0 开始编号),若无序号则按照出现顺序替换。例如:

```
>>> "My name is {} and weight is {}!".format("xiaoming",60)
'My name is xiaoming and weight is 60!'
```

如果需要输出大括号,使用两层嵌套即可。例如:

```
>>> "圆周率{{{1}{2}}}是{0}".format("无理数",3.1415926,"")
'圆周率{3.1415926}是无理数'
```

(2) format()方法的格式控制。

在 format()方法的模板字符串的一对大括号"{}"所代表的槽中,除了可以包括参数序号,还可以包括格式控制信息,格式如下,其中的参数均是可选的。

```
{[参数序号]:[填充][对齐][宽度][,][.精度][类型]}
```

- 填充:指宽度内除了参数外的字符采用什么方式表示,默认为空格。
- 对齐:指宽度内参数输出的对齐方式,使用<、>、^分别表示左对齐、右对齐和居中对齐,默认为左对齐。
- 宽度:指定参数输出的字符宽度,如果参数实际宽度大,则使用实际宽度,如果实际宽度小,则用填充符填充,默认用空格填充。
- 逗号:用于显示数字类型的千位分隔符。
- 精度:表示浮点数的小数部分输出的有效位数或者字符串输出的最大长度。
- 类型:通过格式化符号控制输出格式。Python 字符串格式化符号如表 3-8 所示。

表 3-8　字符串格式化符号

格式化符号	描　　述
c	输出对应的 ASCII 码字符
b	输出二进制整数
d	输出十进制整数
o	输出八进制整数
x、X	输出十六进制数(小写、大写)
e、E	输出浮点数的指数形式(基底写为 e、E)
f	输出浮点数的标准浮点形式,可指定小数点后的精度
g、G	f 和 e 的功能组合、f 和 E 的功能组合
%	输出浮点数的百分形式

例如：

```
>>> s = "python"
>>> "{0:30}".format(s)
'python                        '
>>> "{0:>30}".format(s)
'                        python'
>>> "{0: * ^30}".format(s)
'***********python************'
>>> "{0:3}".format(s)
'python'
>>> "{0:-^20,}".format(12345.6789)
'----12,345.6789-----'
>>> "{0:.2f}".format(12345.6789)
'12345.68'
>>> "{0:.4}".format("python")
'pyth'
>>> "{0:c},{0:b},{0:d},{0:o},{0:x},{0:X}".format(20)
'\x14,10100,20,24,14,14'
>>> "{0:e},{0:E},{0:f},{0:F},{0:g},{0:G},{0:%}".format(1230000)
'1.230000e+06,1.230000E+06,1230000.000000,1230000.000000,1.23e+06,1.23E+06,
123000000.000000%'
```

3. 字符串运算函数

在 Python 解释器提供了一些内置函数，其中字符串运算函数如表 3-9 所示。

表 3-9　常用的内置字符串运算函数与示例

字符串 运算函数	描　　述	示　　例

len(x)	返回字符串 x 的长度(一个英文和中文字符都是一个长度单位)，或其他组合数据类型的元素个数	>>> len("Python，你好！")
		10
		>>> len([1,2,3])
		3

str(x)	返回任意类型 x 的字符串形式	>>> str(123.45) '123.45'

eval(x)	计算字符串 x 中有效的表达式值，从而将 x 转换成数字类型	>>> eval('2 + 2')
		4
		>>> eval('80')
		80

chr(x)	返回 Unicode 编码 x 对应的单字符	>>> chr(65) 'A'
ord(x)	返回单字符 x 对应的 Unicode 编码	>>> ord("A") 65
hex(x)	返回整数 x 对应十六进制数的小写形式字符串	>>> hex(12) '0xc'
oct(x)	返回整数 x 对应八进制数的小写形式字符串	>>> oct(9) '0o11'

4. 字符串处理方法

字符串类共包含 43 个内置方法,常用的如表 3-10 所示(其中 string 代表字符串)。

表 3-10　常用的内置字符串处理方法与示例

字符串处理方法	描　　述	示　　例
string.lower()	把 string 中的所有字符转换为小写	>>> 'Abc'.lower() 'abc'
string.upper()	把 string 中的所有字符转换为大写	>>> 'Abc'.upper() 'ABC'
string.islower()	如果 string 中的所有字符都是小写,返回 True,否则返回 False	>>> 'Abc'.islower() False
string.isprintable()	如果 string 中的所有字符都是可打印的,返回 True,否则返回 False	>>> 'Abc'.isprintable() True
string.isalpha()	如果 string 中的所有字符都是字母,返回 True,否则返回 False	>>> '123a'.isalpha() False
string.isnumeric()	如果 string 中的所有字符都是数字,返回 True,否则返回 False	>>> '123a'.isnumeric() False
string.isspace()	如果 string 中的所有字符都是空格,返回 True,否则返回 False	>>> '　'.isspace() True

string.startswith(obj, [start[,end]])	检查字符串是否在 start 至 end 指定的范围内且以 obj 开头,是则返回 True,否则返回 False	>>> 'abcde'.startswith('a')
		True
		>>> 'abcde'.startswith('a',1,3)
		False

string. endswith (obj, [start [,end]])	检查字符串是否在 start 至 end 指定的范围内且以 obj 结束,是则返回 True,否则返回 False	>>> 'abcde'.endswith('e')
		True
		>>> 'abcde'.endswith('e',0,3)
		False

string.split (str = "" [, num = string. count (str)])	以 str 为分隔符(默认分隔符为空格)切片 string,并放入一个列表中,如果 num 有指定值,则仅分隔为 num +1 个子字符串	>>> '192.168.3.2'.split('.')
		['192', '168', '3', '2']
		>>> '192.168.3.2'.split('.', 2)
		['192', '168', '3.2']

string.count(str, [start [,end]])	返回在 start 至 end 指定的范围内 str 在 string 中出现的次数	>>> 'abcade'.count('a')
		2
		>>> 'abcade'.count('a', 2,5)
		1

string. replace (str1, str2, num = string. count(str1))	把 string 中的 str1 替换成 str2,如果指定 num,则替换前 num 次	>>> 'abcade'.replace('a', '2')
		'2bc2de'
		>>> 'abcade'.replace('a', '2',1)
		'2bcade'

字符串处理方法	描　　述	示　　例

string.center(width)	将 string 居中对齐,并使用空格将 string 填充至长度为 width	`>>> 'abcde'.center(7)`
		`' abcde '`
		`>>> 'abcde'.center(8)`
		`' abcde  '`
		`>>> 'abcde'.center(1)`
		`'abcde'`

string.lstrip()	删除 string 左边的空格	`>>> '   abcde   '.lstrip()` `'abcde   '`
string.rstrip()	删除 string 字符串末尾的空格	`>>> '   abcde   '.rstrip()` `'   abcde'`
string.strip([obj])	在 string 上执行 lstrip() 和 rstrip()	`>>> '   abcde   '.strip()` `'abcde'`

string.zfill(width)	返回长度为 width 的字符串,原字符串 string 右对齐,前面填充 0	`>>> 'abc'.zfill(5)`
		`'00abc'`
		`>>> '-123'.zfill(5)`
		`'-0123'`

string.join(seq)	以 string 作为分隔符,将组合数据类型 seq 变量中的所有元素(以字符串表示)合并为一个新的字符串	`>>> color='red','blue','green'`
		`>>> '&'.join(color)`
		`'red&blue&green'`

◁例 3-1　使用字符串函数和方法进行微信注册账号的判断和处理。要求：使用手机号注册微信账号,即长度为 11 位,必须是数字,而且以数字 1 开头。

【程序 3-1.py】

```
1    account = input("请输入微信账号:")
2    if len(account) == 11 and account.isnumeric() and account[0] == "1":
3        print("账号格式正确!")
4    else:
5        print("账号格式不正确!")
```

3.3　列　　表

3.3.1　列表定义与特点

Python 的列表功能非常强大,有人戏称它是"打了激素"的数组。

列表是一组有序存储的数据。比如,菜单就是一种列表。列表的主要特点如下。

(1) 列表是一个有序序列。

(2) 同一个列表中,可以包含任意类型的对象。

（3）列表是可变的，可以添加、删除、直接修改列表成员。

（4）列表存储的是对象的引用，而不是对象本身。

3.3.2 列表基本操作

1. 创建列表

可以使用方括号把由逗号分隔的不同数据项括起来，或使用 list()方法创建一个列表。

list()方法的语法格式如下：

```
list(seq)
```

作用：将元组或字符串 seq 转换为列表。

比如，在下例中，我们看到在同一个列表中，可以包含任意类型的对象。

```
>>> ['physics', 'chemistry', 19.97, 2000]
['physics', 'chemistry', 19.97, 2000]
>>> list('abcd')
['a', 'b', 'c', 'd']
```

2. 索引

可以使用下标索引来访问列表中的值，前面介绍过，序列类型具有双向索引的功能。列表使用方括号作为索引操作符，索引序号不能超过列表的元素范围，否则会出现 IndexError 错误。例如：

```
>>> x = [1, 2, 3, 4, 5, 6, 7 ]
>>> x[1]
2
>>> x[-1]
7
>>> x[-2]
6
>>> x[8]
Traceback (most recent call last):
  File "<pyshell#9>", line 1, in <module>
    x[8]
IndexError: list index out of range
```

3. 修改或添加元素

（1）直接修改列表元素。例如：

```
>>> x = [1, 2, 3, 4, 5, 6, 7]
>>> x[2] = 'a'
>>> print ("x[1:5]: ", x[1:5])
x[1:5]:  [2, 'a', 4, 5]
```

（2）添加单个对象。使用 append()方法可以在列表末尾添加一个对象，append()方法的语法格式如下：

```
list.append(obj)
```

作用：将对象 obj 添加到列表 list。

例如：

```
>>> x = [1, 2, 3, 4, 5, 6, 7 ]
>>> x.append('a')
>>> x
[1, 2, 3, 4, 5, 6, 7, 'a']
```

（3）添加多个对象。使用 extend() 方法可以在列表末尾添加多个对象。extend() 方法的语法格式如下：

```
list.extend(seq)
```

作用：将 seq 添加到列表 list。

例如：

```
>>> x = [1,2]
>>> x.extend(['a','b'])
>>> x
[1, 2, 'a', 'b']
```

（4）插入对象。使用 insert() 方法可以在指定位置插入对象，insert() 方法的语法格式如下：

```
list.insert(index, obj)
```

作用：在索引位置 index 处插入对象 obj。

例如：

```
>>> x = [1,2]
>>> x.insert(0,'a')
>>> x
[ 'a',1, 2]
```

4. 删除元素

（1）按值删除对象。使用 remove() 方法可以删除指定对象。remove() 方法的语法格式如下：

```
list.remove(obj)
```

作用：删除对象 obj。

例如：

```
>>> x = [1,2,4,3]
>>> x.remove(2)
>>> x
[1, 4, 3]
```

（2）按位置删除对象。使用 pop()方法可以删除指定位置的对象。pop()方法的语法格式如下：

```
list.pop([index])
```

作用：删除对象索引值为 index 的对象，并且返回该元素的值。默认 index＝－1，即删除最后一个列表值。

例如：

```
>>> x = [1,2,3,4]
>>> x.pop()
4
>>> x.pop(1)
2
```

（3）使用 del 语句删除对象。使用 del 语句可以删除指定对象。语法格式如下：

```
del list[index]
```

作用：index 可以是单个元素索引值，也可以是连续几个元素的索引值。

例如：

```
>>> x = [1,2,3,4,5]
>>> del x[0]
>>> x
[2, 3, 4, 5]
>>> del x[2:4]
>>> x
[2, 3]
```

（4）通过 clear()方法删除所有对象。例如：

```
>>> x = [1,2,3]
>>> x.clear()
>>> x
[]
```

5. 求长度

可用 len()函数求列表长度，即列表元素的个数。例如：

```
>>> len([1, 2, 3])
3
>>> len([1,2,('a'),[3,4]])
4
```

6. 合并

加法运算符可用于合并。例如：

```
>>> [1, 2, 3] + ['a',5, 6]
[1, 2, 3, 'a', 5, 6]
```

7. 重复

乘法运算符可用于创建具有重复值的列表。例如：

```
>>> ['@'] * 4
['@', '@', '@', '@']
>>> [1,2] * 3
[1, 2, 1, 2, 1, 2]
```

8. 判断元素是否存在

使用 in 运算符判断元素是否存在于列表中。例如：

```
>>> 2 in [1,2,3]
True
>>> 5 in[1,2,3]
False
```

9. 切片

列表与字符串类似，可以通过切片来获得列表中的部分对象。例如：

```
>>> x = [1, 2, 3, 4, 5, 6, 7, 8, 9]
>>> x[1:5]
[2, 3, 4, 5]
>>> x[5:10]
[6, 7, 8, 9]
>>> x[2:7:2]
[3, 5, 7]
>>> x[7:2:-1]
[8, 7, 6, 5, 4]
>>> x[7:2:-2]
[8, 6, 4]
```

10. 嵌套

可以通过嵌套列表来表示矩阵。例如：

```
>>> x = [[1,2,3],[4,5,6],[7,8,9]]
>>> x[0]
[1, 2, 3]
>>> x[0][0]
1
```

11. 复制列表

使用 copy()方法可以复制列表对象。例如：

```
>>> x = [1,2,3]
>>> y = x.copy()
>>> y
[1, 2, 3]
```

12. 列表排序

使用 sort()方法可以将列表对象排序，若列表中包含多种类型则会出错。例如：

```
>>> x = [10,2,3]
>>> x.sort()
>>> x
[2, 3, 10]
>>> x = ['b','c','a']
>>> x.sort()
>>> x
['a', 'b', 'c']
>>> x = [10,'c','a']
>>> x.sort()
Traceback (most recent call last):
  File "<pyshell#60>", line 1, in <module>
    x.sort()
TypeError: unorderable types: str() < int()
```

13. 反转对象顺序

使用 reverse()方法可以将列表对象的位置反转。例如：

```
>>> x = [1,2,3]
>>> x.reverse()
>>> x
[3, 2, 1]
```

14. 返回指定值出现的次数

可以通过 count()方法返回指定值在列表中出现的次数。例如：

```
>>> x = [1,2,3,2,5]
>>> x.count(2)
2
```

15. 查找指定值

可以通过 index()方法查找指定值。语法格式如下：

```
index(value,[start,[end]])
```

作用：返回指定值 value 在 start 至 end 范围内第一次出现的位置。
例如：

```
>>> x = [1,3,7,2,9,2,5]
>>> x.index(2)
3
>>> x.index(2,4,7)
5
```

例 3-2　输入 10 个学生的分数，求最高分、最低分和平均分。

【程序 3-2.py】

| 1 | score = eval(input("请输入 10 个学生的分数列表:")) |

```
2    maxscore = max(score)
3    minscore = min(score)
4    ave = sum(score)/len(score)
5    print("最高分是{},最低分是{},平均分是{}。".format(maxscore,minscore,ave))
```

【运行结果】

请输入 10 个学生的分数列表：[77,88,67,78,92,91,98,78,67,56]
最高分是 98,最低分是 56,平均分是 79.2。

3.4　元　　组

3.4.1　元组定义与特点

元组可以看作是不可变的列表,它具有列表的大多数特点。元组常量用圆括号表示,例如,(1,2)、('a', 'b', 'c')等。其主要特点如下。

(1) 元组是一个有序序列。

(2) 在同一个元组中,可以包含任意类型的对象。

(3) 元组存储的是对象的引用,而不是对象本身。

(4) 与列表不同,元组是不可变的,即不能添加或删除元组成员。

3.4.2　元组基本操作

与列表不同,元组是不可变的,所以没有修改、添加、删除、复制、排序、反转操作,其余相似。

1. 创建元组

可以使用圆括号把由逗号分隔的不同数据项括起来创建一个元组,或使用 tuple()函数将列表转换为元组。元组中只包含一个元素时,需要在元素后面添加逗号来消除歧义。例如：

```
>>> tuple()
()
>>> (2,)
(2,)
>>> (1,2,3,'a',[1,2])
(1, 2, 3, 'a', [1, 2])
>>> (1,2,3,'a',(1,2))
(1, 2, 3, 'a', (1, 2))
>>> tuple('abcd')
('a', 'b', 'c', 'd')
```

2. 索引

使用下标索引来访问元组中的值,与前面相同,元组也使用方括号作为索引操作符,索引序号不能超过元素范围,否则会出现 IndexError 错误。例如:

```
>>> x = (1, 2, 3, 4, 5, 6, 7 )
>>> x[1]
2
>>> x[-1]
7
>>> x[-2]
6
>>> x[8]
Traceback (most recent call last):
  File "<pyshell#7>", line 1, in <module>
    x[8]
IndexError: tuple index out of range
```

又如:

```
>>> x = tuple(range(0,9))
>>> x[0]
0
```

注意:range()函数的功能是创建一个整数列表,这在 Python 中很常用。常用的 range()函数格式为

```
range([begin,]end[,step])
```

其中,begin 表示初值,默认为 0;end 表示终值;step 表示步长,默认为 1;begin、end 和 step 均为整数。若 step 为正数则初值应小于等于终值,比如,range(1,10,2);若为负数则初值应大于等于终值,比如,range(10,1,−2)。

range()函数返回的是一个左闭右开[begin,end)的等差数列,即它不能取到 end 的值,只能取到"终值—步长"的值。比如,range(1,3,1)返回值是[1,2];range(1,10,3) 返回值是[1,4,7];range(10,1,−3) 返回值是[10,7,4]。

3. 求长度

可用 len()函数求元组长度,即元素个数。例如:

```
>>> len((1, 2, 3))
3
>>> len((1,2,('a'),[3,4]))
4
```

4. 合并

加法运算符可用于合并。例如:

```
>>> (1, 2, 3) + ('a',5, 6)
(1, 2, 3, 'a', 5, 6)
```

5. 重复

乘法运算符可用于创建具有重复值的元组。例如：

```
>>> (1,2) * 3
(1, 2, 1, 2, 1, 2)
```

6. 判断元素是否存在

使用 in 运算符判断元素是否存在于元组中。例如：

```
>>> 2 in (1,2,3)
True
```

7. 切片

可以通过切片来获得元组中的部分对象。例如：

```
>>> x = tuple(range(10))
>>> x
(0, 1, 2, 3, 4, 5, 6, 7, 8, 9)
>>> x[1:5]
(1, 2, 3, 4)
>>> x[5:10]
(5, 6, 7, 8, 9)
>>> x[2:7:2]
(2, 4, 6)
>>> x[7:2:-2]
(7, 5, 3)
```

8. 嵌套

可以通过嵌套元组来表示矩阵。例如：

```
>>> x = ((1,2,3),(4,5,6),(7,8,9))
>>> x(0)
(1, 2, 3)
>>> x(0)(0)
1
```

9. 返回指定值出现的次数

可以通过 count()方法返回指定值在元组出现的次数。例如：

```
>>> x = (1,2) * 3
>>> x
(1, 2, 1, 2, 1, 2)
>>> x.count(2)
3
```

10. 查找指定值

可以通过 index()方法查找指定值。语法格式如下：

```
index(value,[start,[end]])
```

作用：返回指定值 value 在 start 至 end 范围内第一次出现的位置。

例如：

```
>>> x = (1, 2, 1, 2, 1, 2)
>>> x.index(2)
1
>>> x.index(2,2,7)
3
```

3.5　字　　典

3.5.1　字典定义与特点

字典是一种无序的映射的集合，包含一系列"键:值"对。字典常量用大括号表示。例如：

```
d = { 'Adam': 95, 'Lisa': 85, 'Bart': 59, 'Paul': 74 }
```

其主要特点如下：

（1）字典的键通常采用字符串，但也可以用数字、元组等不可变的类型。

（2）字典值可以是任意类型。

（3）字典也可称为关联数组或散列表，它通过键映射到值。字典是无序的，它通过键来索引映射的值，而不是通过位置来索引。

（4）字典是可变映射，可以通过索引来修改键映射的值。

（5）字典长度可变，可以添加或删除"键:值"对。

（6）字典可以任意嵌套，即键映射的值可以是一个值。

（7）字典存储的是对象的引用，而不是对象本身。

3.5.2　字典基本操作

1. 创建字典

Python 有 3 种方法来创建字典。

（1）使用大括号。例如：

```
>>> d = {'x':1,'y':2}
>>> d
{'y': 2, 'x': 1}
```

（2）使用 dict()函数。如下例中，d1 使用赋值格式的键值对来创建字典，d2 使用列表来创建字典。

```
>>> d1 = dict(x = 1, y = 2)
>>> d1
{'y': 2, 'x': 1}
>>> d2 = dict(['x',1],['y',2]))
>>> d2
{'y': 2, 'x': 1}
```

（3）使用内置方法 fromkeys() 来创建字典。fromkeys() 方法的语法格式如下：

`dict.fromkeys(seq[, value]))`

参数 seq 为字典键值列表；value 为可选参数，设置键序列（seq）相同的值，默认为 None。例如：

```
>>> d1 = {}.fromkeys(('x','y'),-1)
>>> d1
{'y': -1, 'x': -1}
>>> d2 = {}.fromkeys('A','B')
>>> d2
{'A': 'B'}
```

2. 索引

字典通过键值来索引映射的值。例如：

```
>>> d = {'mother':'妈妈','father':'爸爸'}
>>> d['father']
'爸爸'
```

可以通过索引来修改映射值。例如：

```
>>> d = { 'Adam': 95, 'Lisa': 85, 'Bart': 59, 'Paul': 74}
>>> d['Adam'] = 75
>>> d
{'Adam': 75, 'Paul': 74, 'Lisa': 85, 'Bart': 59}
```

3. 添加键值对

字典的 update() 方法可以为字典添加键值对。语法格式如下：

`dict.update(other)`

参数 other 表示添加到指定字典 dict 中的键值对。例如：

```
>>> d = {'Name': 'Lihong', 'Age': 7}
>>> d.update({'Address':'Beijing','sex':'male'})
>>> d
{'Age': 7, 'sex': 'male', 'Name': 'Lihong', 'Address': 'Beijing'}
```

我们看到，因为字典是无序的，所以往字典中添加新的数据时无法控制它的顺序。

4. 删除字典对象

（1）通过 pop() 方法删除指定给定键所对应的值，返回这个值并从字典中把它移除。

例如：

```
>>> x = {'a':1,'b':2}
>>> x.pop('a')
1
>>> x
{'b': 2}
```

（2）通过 popitem() 方法随机地返回并删除字典中的键值对。为什么是随机删除呢？因为字典是无序的，没有所谓的最后一项或是其他顺序。如果遇到需要逐一删除项的工作，使用 popitem() 方法效率很高。例如：

```
>>> x = {'a':1,'b':2}
>>> x.popitem()
('b', 2)
>>> x
{'a': 1}
```

（3）通过 clear() 方法删除所有对象。例如：

```
>>> d = {'Name': 'Lihong', 'Age': 7}
>>> d.clear()
>>> d
{}
```

5. 求长度

可用 len() 函数求字典长度，即"键:值"对的个数。例如：

```
>>> len({'y': -1, 'x': -1})
2
```

6. 判断某个键是否存在

使用 in 运算符判断某个键是否存在于字典中。例如：

```
>>> d = { 'Adam': 95, 'Lisa': 85, 'Bart': 59, 'Paul': 74}
>>> 'bart' in d
False
>>> 'Bart' in d
True
```

7. 复制字典中的对象

字典通过 copy() 方法来复制对象。例如：

```
>>> d1 = {'Name': 'Lihong', 'Age': 7}
>>> d2 = d1.copy()
>>> d2
{'Name': 'Lihong', 'Age': 7}
```

8. 返回指定键的映射值

字典通过 get() 方法来返回指定键的值，如果值不在字典中则返回默认值 None。语法格式如下：

```
dict.get(key, default = None)
```

参数 key 为字典中要查找的键，default 表示如果指定键的值不存在时，返回该默认值。例如：

```
>>> d = {'Name': 'Lihong', 'Age': 7}
>>> print ( d.get('Age'))
7
>>> print (d.get('Address'))
None
```

9. 返回指定键的映射值或设置默认键值对

字典的 setdefault() 方法与 get() 方法类似，如果键不存在于字典中，将会添加键并将值设为默认值。语法格式如下：

```
dict.setdefault(key, default = None)
```

参数 key 为要查找的键值，default 表示键不存在时，设置的默认键值。例如：

```
>>> d = {'Name': 'Lihong', 'Age': 7}
>>> d.setdefault('Age')
7
>>> d.setdefault('Address',"北京")
'北京'
>>> d
{'Address': '北京', 'Name': 'Lihong', 'Age': 7}
```

10. 返回字典中的所有键

字典的 keys() 方法可以以列表形式返回字典中的所有键。例如：

```
>>> d = {'Name': 'Lihong', 'Age': 7}
>>> print (d.keys())
dict_keys(['Name', 'Age'])
```

11. 返回字典中的所有值

字典的 values() 方法可以以列表形式返回字典中的所有值。例如：

```
>>> d = {'Name': 'Lihong', 'Age': 7}
>>> print (d.values())
dict_values([7, 'Lihong'])
```

12. 返回所有键值对

字典的 items() 方法可以以列表形式返回所有(键,值)元组。例如：

```
>>> d = {'Name': 'Lihong', 'Age': 7}
>>> print (d.items())
dict_items([('Age', 7), ('Name', 'Lihong')])
```

3.6　集　　合

3.6.1　集合定义与特点

集合(Set)类型有可变集合和不可变集合两种。创建、添加、删除、交集、并集、差集的操作都是非常实用的集合方法。

Python 中的集合类型与数学中的集合概念一致。集合用大括号({})表示。例如 s＝{1,'y',3,24.9,5}。集合和字典都使用{}来表示,可以简单地把字典看成为元素是键值对的特殊集合。

集合的主要特点如下:

(1) 集合没有顺序的概念,所以不能用切片和索引操作。

(2) 在同一个集合中,可以包含任意类型的对象;集合中的元素可以动态添加和删除。

(3) 集合中的元素不可以重复。

(4) 集合中的元素类型只能是不可变数据类型,如整数、浮点数、字符串、元组等。列表、字典和集合本身是可变数据类型,不能作为集合的元素出现。

3.6.2　集合的基本操作

1. 创建集合

(1) 可以直接使用{}来创建集合。例如:

```
>>> s = {1,2,3,4,2}
>>> s
{1, 2, 3, 4}
```

> **注意**: 如果原来的数据中存在多个重复元素,则在转换为集合时只保留一个。

(2) 使用 set()函数。set()函数的功能是将其他的组合数据类型(如列表、元组、字典)转变成集合类型,返回无重复的任意排序的集合。例如:

```
>>> set([1,2,2,3,3,3,4])
{1, 2, 3, 4}
```

(3) 使用 frozenset()函数。frozenset()函数返回一个冻结的集合,冻结后不能再添加或删除任何集合元素。例如:

```
>>> frozenset('boy')
frozenset({'y', 'o', 'b'})
```

2. 求集合长度

可以使用 len()函数来获取集合长度,即元素的个数。例如:

```
>>> a = set('boy')
>>> len(a)
3
```

3. 添加集合元素

(1) 使用 add()方法。add()方法是把要传入的元素作为一个整体添加到集合中。例如:

```
>>> a = set('boy')
>>> a.add('python')
>>> a
{'y', 'o', 'b', 'python'}
```

(2) 使用 update()方法。update()方法是把要传入的元素拆分后作为个体传入到集合中。例如:

```
>>> a = set('boy')
>>> a.update('python')
>>> a
{'y', 'o', 't', 'h', 'b', 'p', 'n'}
```

4. 删除集合元素

(1) 使用 remove()方法可以删除指定集合元素。例如:

```
>>> a = set(['y', 'o', 'b'])
>>> a.remove('y')
>>> a
{'o', 'b'}
```

(2) 使用 clear()方法可以删除所有对象。例如:

```
>>> s = {'Name': 'Lihong', 'Age': 7}
>>> s.clear()
>>> s
{}
```

5. 判断元素是否存在

使用 in 运算符可以判断指定键的元素是否存在于集合中。例如:

```
>>> a = set(['Adam', 'Lisa', 'Bart', 'Paul'])
>>> 'bart' in a
False
>>> 'Bart' in a
True
```

6. 集合的并集、交集、差集和对称差集

集合支持一系列标准操作,包括并集、交集、差集和对称差集。如下所示:

```
a = t|s       #t 和 s 的并集
b = t&s       #t 和 s 的交集
c = t - s     #求差集(项在 t 中,但不在 s 中)
d = t^s       #对称差集(项在 t 或 s 中,但不会同时出现在两者中)
```

例如:

```
>>> s1 = {1,2,4}
>>> s2 = {2,3}
>>> s = s1|s2
>>> s
{1, 2, 3, 4}
>>> s = s1&s2
>>> s
{2}
>>> s = s1-s2
>>> s
{1, 4}
>>> s = s1^s2
>>> s
{1, 3, 4}
```

7. 子集和超集

对于两个集合 A 与 B,如果集合 A 的任何一个元素都是集合 B 的元素,那么就说集合 A 包含于集合 B,或集合 B 包含集合 A,也可以说集合 A 是集合 B 的子集。

如果集合 A 的任何一个元素都是集合 B 的元素,且集合 B 中至少有一个元素不属于集合 A,则称集合 A 是集合 B 的真子集。

空集是任何集合的子集。任何一个集合是它本身的子集。空集是任何非空集合的真子集。

如果一个集合 S2 中的每一个元素都在集合 S1 中,且集合 S1 中可能包含集合 S2 中没有的元素,则集合 S1 就是集合 S2 的一个超集。

Python 用比较运算符来检查某集合是否是其他集合的超集或子集。

(1) 符号(<=)用来判断子集:当 A<=B 值为 True 时,A 是 B 的子集。

(2) 符号(<)用来判断真子集:当 A<B 值为 True 时,A 是 B 的真子集。

(3) 符号(>=)用来判断超集:当 A>=B 值为 True 时,A 是 B 的超集。

(4) 符号(>)用来判断真超集:当 A>B 值为 True 时,A 是 B 的真超集。

(5) 符号(==)用来判断是否相等:当 A==B 值为 True 时,A 等于 B。

(6) 符号(!=)用来判断是否不相等:当 A!=B 值为 True 时,A 不等于 B。

例如:

```
>>> s1 = {1,2,3,4,"a","b","c"}
>>> s2 = {1,2}
>>> s2 < s1
True
>>> s1 > s2
True
```

3.7　运算符和表达式

3.7.1　运算符

Python 语言支持以下类型的运算符：算术运算符、位运算符、赋值运算符、字符串运算符、比较（关系）运算符、身份运算符、成员运算符、逻辑运算符等基本运算符。

在前面已经介绍过算术运算符、位运算符、赋值运算符、字符串运算符，下面来介绍其他运算符。

1. 比较运算符

比较运算符用来比较两个对象之间的关系，其结果为 True 或 False。Python 中的比较运算符见表 3-11 所示。

表 3-11　比较运算符及示例

比较运算符	含义	优先级	示　　例	结果
==	等于		"ABC"=="ABR"	False
!=	不等于		20!=10	True
>	大于		"ABC">"ABR"	False
>=	大于或等于	同一级	"ab">="学习"	False
<	小于		20<10	False
<=	小于或等于		"20"<="10"	False

 注意：Python 中，比较运算符可以连用，比如 1<3<5。

2. 身份运算符

身份运算符及其含义见表 3-12 所示。

表 3-12　身份运算符及示例

身份运算符	含　义	优先级	示　　例

is	判断两个标识符是不是引用自一个对象	同一级	>>> a = 100
			>>> b = 100
			>>> print(a is b)
			True

is not	判断两个标识符是不是引用自不同对象		>>> print(a is not b) False

3. 成员运算符

成员运算符及其含义见表 3-13 所示。

表 3-13　成员运算符及示例

成员运算符	含义	优先级	示例

in	如果在指定的序列中找到值则返回 True,否则返回 False	同一级	>>> list = [1, 2, 3, 4, 5]
			>>> 10 in list
			False
			>>> 10 not in list
			True

not in	如果在指定的序列中没有找到值则返回 True,否则返回 False		

4. 逻辑运算符

逻辑运算符是用来进行逻辑运算的运算符,通常用来表示比较复杂的关系。逻辑运算符及其含义见表 3-14 所示。

表 3-14　逻辑运算符及示例

逻辑运算符	逻辑表达式	含　义	优先级	示　例
not	not x	非(取反):如果 x 为 True,则返回 False。如果 x 为 False,则返回 True	1	not(12)返回 False
and	x and y	与:x 和 y 之一为 False 或与 False 等价的 0、空值、空对象,则返回 False 或与 False 等价的相应对象;如果 x 和 y 均为 True,则返回 y 的值	2	(0 and 2)返回 0 (2 and 0)返回 0 ([]and 0)返回[] (1 and 2)返回 2
or	x or y	或:如果 x 为 True,则返回 x 的值,否则返回 y 的值	3	(1 or 2)返回 1 (0 or 2)返回 2

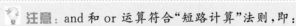 **注意**:and 和 or 运算符合"短路计算"法则,即:

① 在计算 a and b 时,如果 a 是 False,则根据与运算法则,整个计算结果必定为 False,因此返回 a;如果 a 是 True,则整个计算结果必定取决于 b,因此返回 b。

② 在计算 a or b 时,如果 a 是 True,则根据或运算法则,整个计算结果必定为 True,因此返回 a;如果 a 是 False,则整个计算结果必定取决于 b,因此返回 b。

5. 运算符的优先级

运算符优先级见表 3-15 所示,按从上到下的顺序,优先级依次从高到低。可以用括号(优先级最高)改变计算顺序。

表 3-15　运算符的优先级

运　算　符	描　述
**	幂运算
~、+ 、−	按位取反(按操作数的二进制数运算,1 取反为 0,0 取反为 1)、一元加号、一元减号
* 、/、// 、%	乘法、除法、整商、求余数(模运算)
+、−	加法、减法

运　算　符	描　　述
<<、>>	向左移位、向右移位
&	按位与(将两个操作数按相同位置的二进制位进行操作,相同时结果为 1,否则为 0)
^	按位异或(将两个操作数按相同位置的二进制位进行操作,不相同时结果为 1,否则为 0)
|	按位或(将两个操作数按相同位置的二进制位进行操作,只要有一个为 1 结果即为 1,否则为 0)
==、!=、>、>=、<、<=	比较运算符
=、+=、-=、*=、/=、%=、**=、//=	赋值运算符
is、is not	身份运算符
in、not in	成员运算符
not and or	逻辑运算符 not>and>or

💡 **注意**:对于幂运算符**,如果左侧有正负号,那么幂运算符优先;如果右侧有正负号,那么一元运算符优先。

例如,$-3**2=-9$,相当于$-(3**2)$,而$3**-2=1/9$,相当于$3**(-2)$。

◈ **例 3-3**　试分析下面程序的运行结果。

【程序 3-3.py】

```
1    a = 20
2    b = 10
3    c = 15
4    d = 5
5    e = 0
6    e = (a + b) * c / d
7    print ("Value of (a + b) * c / d is ", e)
8    e = ((a + b) * c) / d
9    print ("Value of ((a + b) * c) / d is ", e)
10   e = (a + b) * (c / d)
11   print ("Value of (a + b) * (c / d) is ", e)
12   e = a + (b * c) / d
13   print ("Value of a + (b * c) / d is ", e)
```

【运行结果】

```
Value of (a + b) * c / d is  90.0
Value of ((a + b) * c) / d is  90.0
Value of (a + b) * (c / d) is  90.0
```

```
Value of a + (b * c) / d is  50.0
```

3.7.2　表达式

表达式是指用运算符将运算对象连接起来的式子。在 Python 中,表达式是语句的一种,如"3+2"是一个表达式,同时也是一条语句。Python 中的语句也称为命令,比如,print("hello python")就是一条命令。

在书写表达式时,需遵循以下书写规则。

(1) 乘号不能省略。例如 3x+5 应写成 3 * x+5。

(2) 括号必须成对出现。

(3) 函数参数必须用圆括号括起来。

(4) 遇到分式的情况,要注意分子、分母是否应加上括号,以免引起运算次序的错误。

例如,已知数学表达式 $\dfrac{\sqrt{5(x+2y)+3}}{(xy)^4-1}$,写成表达式为:

```
sqrt(5*(x+2*y)+3)/((x*y)**4-1)
```

在编程时,需要先导入 math 模块才能使用其中的 sqrt 函数,导入语句为 from math import * 。模块的导入在第 5 章详细介绍。

例 3-4　根据公式 $V=\dfrac{1}{3}\pi r^2 h$,$S=\pi rL+\pi r^2$,$L^2=r^2+h^2$,计算圆锥体的体积和表面积。

【程序 3-4.py】

```
1   from math import *
2   r = float(input("请输入半径:"))
3   h = float(input("请输入高:"))
4   v = 1/3 * pi * r**2 * h
5   s = pi * r * sqrt(r**2+h**2)+pi * r**2
6   print("体积:",v,"表面积:",s)
```

【运行结果】

```
请输入半径:5
请输入高:6
表面积: 201.22293136239688 体积: 157.07963267948963
```

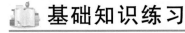 **基础知识练习**

一、简答题

(1) 如何查看变量在内存中的地址?

（2）列举出 Python 的 5 个数据类型。

（3）列表和元组除了在标识上有区别，其特点有什么不同？

（4）如果有以下程序：

```
x = input("请输入 x:")
y = input("请输入 y:")
print("x>y",x>y)
```

程序运行时输入 x 为 100，y 为 99，会出现什么运行结果？为什么？

二、填空选择题

（1）下面表达式的值是（_____）。

```
123+25%10//3
```

（2）下面表达式的值是（_____）。

```
int(200.556)/10+abs(-3)+round(3.567,1)
```

（3）下面表达式的值是（_____）。

```
float(3**2)+10
```

（4）下面表达式的值是（_____）。

```
str(123.45)+'67'
```

（5）下面表达式的值是（_____）。

```
len("Python 程序设计")
```

（6）下面表达式的值是（_____）。

```
float("2"+"3")
```

（7）下面的运行结果是（_____）。

```
>>> a = 8
>>> b = True
>>> a+b>4 * 3
```

（8）下面的运行结果是（_____）。

```
>>> a = 'HelloPython' * 2
>>> print (a[5:11])
```

（9）下面语句正确的是（　　）。

A. x＝(y＝2)

B. a＝3
　 b＝'w'
　 a＋＝b

　　　　C. x＝y＝z＝m＝n＝5　　　　　　　　D. x＋＝y＋＝3

　　（10）如果 L1＝[0,1,2,3,4,5]，则 L1[－1：]的结果是（_____），L1[：4]的结果是（_____），L1[3：5]的结果是（_____），L1[：5：2]的结果是（_____），L1[：：－1]的结果是（_____）。

　　（11）如果 a＝"泉眼无声惜细流，树阴照水爱晴柔。小荷才露尖尖角，早有蜻蜓立上头。"，则语句""泉眼" in a"的值是（_____），语句""小池" not in a"的值是（_____）。

三、编程题

　　（1）输入浮点型变量 x 的值，计算并输出方程 $y＝x^2＋2x－9$ 的值。注意：用于输入变量的 input()函数的返回值为字符串类型。

　　（2）输入两个整数 x、y（假设都不为 0），求这两个整数的和、差、积、商并输出。尝试使用浮点除法和整除两种运算。

　　（3）输入直角三角形的两个直角边的长度 a、b，求斜边 c 的长度。

　　（4）将列表 a ＝ [9,6,15,4,1]逆序输出。

　　（5）现有三位同学参加了比赛，记录列表存储在 names 中，names＝['li', 'zhang', 'wang','zhang', 'li', 'wang', 'li', 'wang', 'wang']，请统计每个学生参加比赛的次数并记录到字典 d 中，结果如下：

```
{'li': 3, 'zhang': 2, 'wang': 4}
```

　　（6）将'My GPA is：3.6'存储到变量 mark 中，编程从其中提取出 GPA 的值（即 3.6），结果为浮点类型。（提示：使用 split()方法）

　　（7）设计一个字典，以用户输入内容作为键，然后输出字典中对应的值，如果用户输入的键不存在，则输出"您输入的键不存在！"。

能力拓展与训练

　　（1）编写程序，生成一个包含 20 个随机数的列表，然后将前 10 个元素升序排列，后10 个元素降序排列，并输出结果。

　　（2）编写程序，生成一个包含 20 个随机整数的列表，然后对其中偶数下标的元素进行降序排列，奇数下标的元素不变。

本章实验实训

一、实验实训目标

　　（1）理解 Python 基于值的自动内存管理机制。

（2）熟悉数字类型、布尔类型和字符串类型的使用。

（3）理解列表、元组、字典数据结构的用法。

（4）掌握表达式的书写。

（5）认识数据结构,理解数据思维。

二、主要知识点

（1）Python 的变量不需要声明,可以直接使用赋值运算符“＝”对其赋值,根据所赋的值来决定其数据类型。Python 采用的是基于值的内存管理方式,如果为不同变量赋给相同值,则在内存中只有一份该值,多个变量指向同一块内存地址,多个变量可以引用同一个对象,一个变量也可以引用不同的对象(id 不同)。

（2）数字类型的运算,包括数值运算符和表达式的使用、常用内置数值运算函数和数字类型转换函数的使用。

（3）字符串类型的运算,包括字符串运算符和表达式的使用、常用内置字符串运算函数和字符串处理方法的使用。

（4）列表、元组、字典对象的基本操作,包括创建与删除,判断是否存在指定元素,合并、查找等。

（5）常用运算符和表达式的书写。

三、实验实训内容

【实验实训 3-1】　温度转换。输入一个摄氏温度 C,计算对应的华氏温度 F。计算公式：$F = C * 9/5 + 32$。

【实验实训 3-2】　判断闰年。用户输入一个年份,判断这一年是不是闰年,是则输出 True,不是则输出 False。

当以下条件之一满足时,这一年是闰年：

（1）年份是 4 的倍数而不是 100 的倍数(如 2004 年是,1900 年不是)；

（2）年份是 400 的倍数(如 2000 年是,1900 年不是)。

补全程序：

```
1   stryear = input("请输入年份:")          #输入的是字符串
2   year = int(stryear)                     #字符串转换为整数
3   result = (_____)        #计算逻辑表达式
4   print("闰年判断结果是:",result)
```

【实验实训 3-3】　写出下面程序的运行结果。

```
1   a = ['one', 'two', 'three']
2   print(a[::-1])
```

【实验实训 3-4】　写出下面程序的运行结果。

```
1   d = { 'Adam': 95, 'Lisa': 85, 'Bart': 59, 'Paul': 74 }
2   print(d['Adam']+d['Lisa']+d['Bart']+d['Paul'])
```

【实验实训 3-5】　将列表 a＝[23,16,25,6,88]逆序输出。

【实验实训 3-6】　编写程序,用户输入一个列表,并输入 2 个整数作为起止序号,然后输出列表中介于这两个起止序号之间的元素组成的子列表。例如,用户输入[1,2,3,4,5,6]和[2,5],则程序输出[2,3,4,5]。

【实验实训 3-7】　问题描述:假设一个列表中含有若干整数,现在要求将其分成 n 个子列表,并使得各个子列表中的整数之和尽可能接近。

设计思路:直接将原始列表分成 n 个子列表,然后再不断地调整各个子列表中的数字,从元素之和最大的子列表中拿出最小的元素放到元素之和最小的子列表中,重复这个过程,直到 n 个子列表足够接近为止。

阅读程序,理解列表切片和 max()、min()、enumerate()等内置函数的用法。

```
 1  import random
 2  def numberSplit(lst, n,threshold):
 3      '''lst 为原始列表,内含若干整数,n 为拟分份数
 4          threshold 为各子列表元素之和的最大差值'''
 5      #列表长度
 6      length = len(lst)
 7      p = length // n
 8      #尽量把原来的 lst 列表中的数字等分成 n 份
 9      partitions = []
10      for i in range(n-1):
11          partitions.append(lst[i * p:i * p+p])
12      else:
13          partitions.append(lst[i * p+p:])
14      print('初始分组结果:', partitions)
15      #不停地调整各个子列表中的数字
16      #直到 n 个子列表中数字之和尽量相等
17      times = 0
18      while times <1000:
19          times += 1
20          #所有元素之和最大与最小的两个子列表
21          maxLst = max(partitions, key = sum)
22          minLst = min(partitions, key = sum)
23          #把较大子列表中的最小元素调整到较小子列表中
24          m = min(maxLst)
25          i = [index for index, value in enumerate(maxLst) if value == m][0]
26          minLst.insert(0, maxLst.pop(i))
27          print('第{0}步处理结果:'.format(times), partitions)
28
29
30          #检查一下各个子列表是否足够接近
31          first = sum(partitions[0])
32          for item in partitions[1:]:
33              #如果还不是足够接近,结束 for 循环,继续 while 循环的动态调整
```

```
34              if abs(sum(item)-first) > threshold:
35                  break
36          else:
37              #for循环正常结束,说明已经足够接近,结束while循环
38              break
39      else:
40          #调整了1000次还是无法使得各个子列表足够接近,放弃
41          print('很抱歉,我无能为力,只能给出这样一个结果了。')
42      #返回最终结果
43      return partitions
44  #测试数据,随机列表
45  lst = [random.randint(1, 100) for i in range(10)]
46  print(lst)
47  #调用上面的函数,对列表进行切分
48  result = numberSplit(lst, 3, 10)
49  print('最终结果:', result)
50  #输出各组数字之和
51  print('各子列表元素之和:')
52  for item in result:
53      print(sum(item))
```

【实验实训 3-8】 阅读程序,理解字典的用法。

```
1   print('''|---欢迎进入通讯录程序---|
2   |---1、查询联系人资料---|
3   |---2、插入新的联系人---|
4   |---3、删除已有联系人---|
5   |---4、退出通讯录程序---|''')
6   addressBook = {}#定义通讯录
7   while 1:
8       temp = input('请输入指令代码:')
9       if not temp.isdigit():
10          print("输入的指令错误,请按照提示输入")
11          continue
12      item = int(temp)#转换为数字
13      if item == 4:
14          print("|---感谢使用通讯录程序---|")
15          break
16      name = input("请输入联系人姓名:")
17      if item == 1:
18          if name in addressBook:
19              print(name,':',addressBook[name])
20              continue
21          else:
22              print("该联系人不存在!")
23      if item == 2:
24          if name in addressBook:
```

```
25              print("您输入的姓名在通讯录中已存在-->>",name,":"
26                  ,addressBook[name])
27              isEdit = input("是否修改联系人资料(Y/N):")
28              if isEdit == 'Y':
29                  userphone = input("请输入联系人电话:")
30                  addressBook[name] = userphone
31                  print("联系人修改成功")
32                  continue
33              else:
34                  continue
35          else:
36              userphone = input("请输入联系人电话:")
37              addressBook[name] = userphone
38              print("联系人添加成功!")
39              continue
40
41      if item == 3:
42          if name in addressBook:
43              del addressBook[name]
44              print("删除成功!")
45              continue
46          else:
47              print("联系人不存在")
```

第 4 章 程序控制结构与异常处理

人生苦短，我用 Python。

——Python 之父 Guido van Rossum

计算思维的本质是抽象和自动化，其分层抽象可以让人们在某个特定的抽象层次（如各种软件开发平台）上忽视一些不必要、不相关的细节，专注于问题的关键元素，进而达到控制和降低问题复杂性的目的。

计算思维的抽象体现在使用符号代替实际问题中的各种变量上，计算思维的自动化则体现在程序的机械式执行上，而实现自动化则依赖于完备的算法。

程序设计语言必须提供一种表示方法来表示过程和数据，为此，提供了控制结构和数据类型。控制结构允许以方便而明确的方式来表示算法步骤。也就是说，程序设计主要做两件事情，除了要用特定数据类型和数据结构进行数据抽象，还需要用控制结构将信息处理过程表示出来，即控制抽象。

1996 年，计算机科学家 Boehm 和 Jacopini 提出并从数学上证明，任何一个算法，都能以三种基本控制结构表示，即顺序结构、选择结构和循环结构。因此，高级程序设计语言都提供这三种控制结构，可以方便地进行算法实现。

4.1 顺 序 结 构

顺序结构是一类最基本和最简单的结构，其形式是"执行语句 1，然后执行语句 2"，如图 4.1 所示。

顺序结构的特点是，程序按照语句在代码中出现的顺序自上而下地逐条执行；顺序结构中的每一条语句都被执行，而且只能被执行一次。就像我们一颗颗地将珠子串成项链，也好像我们一层一层地爬楼梯……

前面介绍变量和数值运算符时，已经介绍过了简单的赋值语句和 Python 语言所支持的赋值运算符的使用，这里不再赘述，仅补充 Python 语言赋值语句的其他方法。

1. 通过赋值语句实现序列赋值

Python 序列包括字符串、列表和元组等。Python 语言的特性就

图 4.1 顺序结构

是简洁高效,序列解包就是将序列中存储的值指派给各个变量,这在给多个 Python 变量命名和赋值时效率很高。

方法如下:

x, y, z = 序列

例如,可以为多个变量同时赋值:

```
>>> a,b,c = 1, 2,3
>>> print(a,b,c)
1 2 3
```

又如:

```
>>> x,y,z = {1,2,3}
>>> x
1
>>> y
2
>>> z
3
```

在 Python 中,要交换变量的值非常简单:

```
>>> a , b = 1,2
>>> a , b = b,a
>>> print(a,b )
2 1
```

2. 多目标赋值

多目标赋值可以一次性把一个值指派给多个变量。方法如下:

变量 1 = 变量 2 = 变量 3 = 值

例如:

```
>>> x = y = z = 10
>>> x
10
>>> y
10
>>> z
10
```

◆**例 4-1** 输入圆半径,计算圆的周长和面积。

【程序 4-1.py】

1	r = float(input('输入圆的半径:'))
2	c = 2 * 3.14 * r
3	s = 3.14 * r * r

```
4    print("圆周长为:{0:.2f},圆面积为:{1:.2f}".format(c,s))
```

【运行结果】

```
输入圆的半径:12
圆周长为:75.36,圆面积为:452.16
```

4.2　选择结构

选择结构又称为分支结构,包括单分支、双分支和多分支。它是根据判定条件的真假来确定应该执行哪一条分支的语句序列。

1. if 语句(单分支结构)

语法格式如下:

```
if  <条件表达式>:
    <if 语句块>
```

作用:当<条件表达式>为真时,则执行后面的<if 语句块>,否则继续执行和 if 对齐的下一条语句。if 和与它对齐的下一条语句是顺序执行关系。其流程图如图 4.2 所示。

> **注意:**
> - "<>"中的内容为必要项,不能省略。
> - <条件表达式>可以是比较表达式、逻辑表达式或算术表达式。
> - <条件表达式>后的冒号不能少。
> - <if 语句块>可以是单个语句,也可以是多个语句,但必须缩进并纵向对齐,同一级别的语句缩进量要相同。

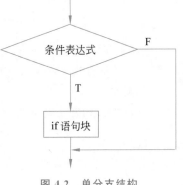

图 4.2　单分支结构

例 4-2　输入学生分数(score),显示其成绩评定结果。

【程序 4-2.py】

```
1    score = eval(input("请输入分数:"))
2    if score >= 60:
3        print("及格了!")
4        print("继续努力!")
```

【运行结果】

```
请输入分数:78
及格了!
继续努力!
```

2. if⋯else 语句(双分支结构)

语法格式如下:

```
if   <条件表达式>:
    <if 语句块>
else:
    <else 语句块>
```

作用:当<条件表达式>为真时,则执行后面的<if 语句块>,否则执行<else 语句块>,然后执行和 if 对齐的下一条语句。其流程如图 4.3 所示。

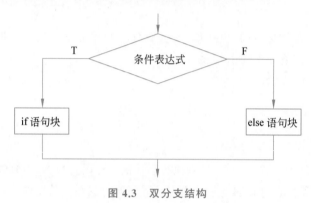

图 4.3　双分支结构

💡 **注意:**

- else 后的冒号不能少。
- <if 语句块>和<else 语句块>必须缩进并纵向对齐,同一级别的语句缩进量要相同。
- 以下三种写法是等价的。

第一种:使用 if⋯else 语句。

```
if a > b:
    c = a
else:
    c = b
```

第二种:使用 if 表达式。

```
c = a if a > b else b
```

第三种:使用二维列表,在第 1 个列表中,小数在前、大数在后。

```
c = [b,a][a>b]
```

◆ **例 4-3**　修改例 4-2,显示不及格的情况。

【程序 4-3.py】

1	score = eval(input("请输入分数:"))
2	if score >= 60:

3	print("及格了!")
4	print("继续努力!")
5	else:
6	print("不及格!")
7	print("请注意补考通知!")

【运行结果 1】

请输入分数:78
及格了!
继续努力!

【运行结果 2】

请输入分数:56
不及格!
请注意补考通知!

3. if…elif…else 语句（多分支结构）

语法格式如下:

```
if  <条件 1>:
    <语句块 1>
elif<条件 2>:
    <语句块 2>
…
elif<条件 n>:
    <语句块 n>
else:
    <语句块 n+1>
```

作用:首先判断条件 1,如果为 False,再判断条件 2,以此类推,直到找到一个为 True 的条件。当找到一个为 True 的条件时,就会执行相应的语句块,然后继续执行和 if 对齐的下一条语句。如果所有测试条件都不是 True,则执行 else 语句块,其流程如图 4.4 所示。

> 注意:
> * 每个条件和 else 后的冒号不能少。
> * 同一级别的语句缩进量要相同。

 例 4-4　修改例 4-3,使其给出优、良、中、及格和不及格等 5 种等级的成绩评定。

【程序 4-4.py】

1	score = eval(input("请输入分数:"))
2	if score >= 90:
3	print("优")

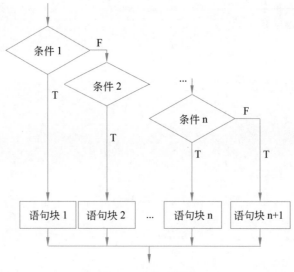

图 4.4 多分支结构

```
4    elif score >= 80:
5        print("良")
6    elif score >= 70:
7        print("中")
8    elif score >= 60:
9        print("及格")
10   else:
11       print("不及格!")
12       print("请注意补考通知!")
```

【运行结果 1】

请输入分数:95
优

【运行结果 2】

请输入分数:85
良

【运行结果 3】

请输入分数:76
中

【运行结果 4】

请输入分数:65
及格

【运行结果 5】

请输入分数：55
不及格！
请注意补考通知！

📝 朴言素语

在多分支选择结构的多个分支中，有且仅有一个分支能够被执行。人生也是如此，选择正确的人生观，选择对社会、对人类有价值的生活，人生才会显示出无限的价值和绽放耀眼的光芒！

4. 分支结构嵌套

一个控制结构内部包含另一个控制结构称为结构嵌套。在分支处理的语句块中包含分支语句，称为分支结构嵌套。

🐂 **注意**：使用嵌套结构时，一定要将一个完整的结构嵌套在另一个结构内部，并注意缩进层次。

例 4-5 修改例 4-4，使其在给出优、良、中、及格和不及格等 5 种等级的成绩评定前，首先判断输入的分数是否为 0～100 的有效数值型数据。

【程序 4-5.py】

```
1   score = eval(input("请输入分数:"))
2   if str(score).isnumeric() and  0 <= score <= 100:
3       if score >= 90:
4           print("优")
5       elif score >= 80:
6           print("良")
7       elif score >= 70:
8           print("中")
9       elif score >= 60:
10          print("及格")
11      else:
12          print("不及格!")
13          print("请注意补考通知!")
14  else:
15      print("输入有误!")
```

【运行结果 1】

请输入分数:-8
输入有误！

【运行结果 2】

请输入分数:1231231
输入有误！

【运行结果 3】

请输入分数：90
优

例 4-6 使用列表完成例 4-5 的功能。

【程序 4-6.py】

```
1    score = eval(input("请输入分数:"))
2    degree = ['及格','中','良','优','不及格']
3    if str(score).isnumeric() and 0<=score <= 100:
4        index = (score - 60)//10
5        if index >= 0:
6            print(degree[index])
7        else:
8            print(degree[-1])
9    else:
10       print("输入有误!")
```

4.3　循　环　结　构

人类最怕机械重复，因为重复是枯燥乏味的，而计算机则擅长重复，这种重复体现到程序中就是循环。

顺序结构、选择结构在程序执行时，每个语句只能执行一次，循环结构则可以使计算机在一定条件下反复多次执行同一段程序（称为循环体），从而简化程序。

Python 支持的循环结构语句有 for 和 while 两种结构。for 语句用来遍历序列对象内的每个元素，并对每个元素执行一次循环体。while 语句提供了编写通用循环的方法。

> **注意**：如果循环条件总为真，则会不停地执行循环体，从而形成死循环，所以在循环体中一定要包含对条件表达式的修改操作，使循环体最终能结束。

4.3.1　for 循环

1. for 循环的常用格式

for 循环的常用格式如下：

```
for <循环变量> in <遍历结构>:
    <循环体>
```

作用：<循环变量>依次取遍历结构中的每一个元素，执行一次循环体。

参数说明如下：

- 遍历结构可以是列表、元组、字符串、字典、集合、文件或 range()函数等。

- ＜循环体＞是需要执行的一组语句,注意缩进和对齐。
- 注意 for 行末的冒号不能少。

for 循环语句的流程如图 4.5 所示。

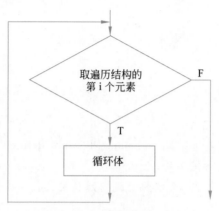

图 4.5　for 循环语句的流程

例 4-7　求 $1+2+3+\cdots+10$ 的值。

分析:这是一个累加的过程,每次循环累加一个整数值,整数的取值范围为 $1\sim10$,需要使用到循环结构。

【程序 4-7.py】

```
1    #方法 1:遍历结构是 range()函数
2    f = 0
3    for i in range(1,11):
4        f = f+i
5    print(f)
6
7    #方法 2:遍历结构是列表
8    b = [1,2,3,4,5,6,7,8,9,10]
9    f = 0
10   for i in b:
11       f = f+i
12   print(f)
13
14   #方法 3:遍历结构是元组
15   t = (1,2,3,4,5,6,7,8,9,10)
16   f = 0
17   for i in t:
18       f = f+i
19   print(f)
20
21   #方法 4:遍历结构是集合
22   t = {1,2,3,4,5,6,7,8,9,10}
23   f = 0
```

```
24   for i in t:
25       f = f+i
26   print(f)
```

【运行结果】

```
55
55
55
55
```

注意：此例中语句 f＝0 可以省略吗？

如果省略，将会出现"NameError：name 'f' is not defined"的错误，因为在 Python 中，变量是通过赋值来进行定义的，而在语句 f＝f＋i 中，因为要先执行赋值号右边的 f＋i 运算，所以在此语句之前必须先给 f 进行赋值定义。

另外，本例也可以使用 sum()函数来完成。

例 4-8　计算 1＋2＋3＋…＋n 的值，其中 n 由用户输入。

用流程图描述的算法如图 4.6 所示。

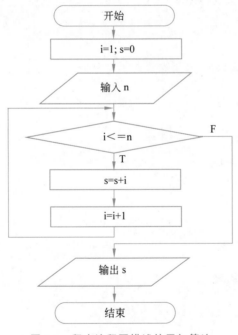

图 4.6　程序流程图描述的累加算法

【程序 4-8.py】

```
1   n = eval(input("请输入 n:"))
2   s = 0
```

```
3    for i in range(1,n+1):
4        s = s + i
5    print ('1+2+3+...+ ',  n,  ' = ',  s)
```

【运行结果】

请输入 n:10
1+2+3+...+10 = 55

◆例 **4-9**　求 n 的阶乘,n 由用户输入。

【程序 4-9.py】

```
1    n = eval(input("请输入 n:"))
2    f = 1
3    for i in range(1,n+1):
4        f = f * i
5    print (n,"!= ",f)
```

【运行结果】

请输入 n:10
10 != 3628800

◆例 **4-10**　求任一组数的和及其平均值。

【程序 4-10-1.py】

```
1    #方法 1:使用 for 循环
2    x = eval(input("输入一组数,形如 [1,2]:"))
3    k = 0
4    s = 0
5    for i in x:
6        s = s+i
7        k = k+1
8    print("和为:",s)
9    print("平均值为:",s/k)
10
11   #方法 2:使用函数
12   x = eval(input("输入一组数,形如 [1,2]:"))
13   print("和为:",sum(x))
14   print("平均值为:",sum(x)/len(x))
```

【运行结果】

输入一组数,形如 [1,2]:[23,59,1,20,15,5,3]
和为: 126
平均值为: 18.0

输入一组数,形如 [1,2]:[23,59,1,20,15,5,3]
和为:126
平均值为:18.0

如果列表长度和内容由用户逐步输入,则例 4-10 也可以做如下完善。

【程序 4-10-2.py】

```
1   x = []
2   count = eval(input("输入列表长度:"))
3   for i in range(1,count+1):
4       num = eval(input("输入一个数:"))
5       x.append(num)
6   print("和为:",sum(x))
7   print("平均值为:",sum(x)/len(x))
```

【运行结果】

输入列表长度:3
输入一个数:12
输入一个数:3
输入一个数:2
和为:17
平均值为:5.666666666666667

2. 带 else 语句的 for 循环

带 else 语句的 for 循环格式如下:

```
for <循环变量> in <遍历结构>:
    <循环体>
else:
    <语句块>
```

作用:<循环变量>依次取<遍历结构>中的每一个元素,执行循环体。

> **注意**:循环的 else 语句是 Python 特有的,其作用是捕捉循环的"另一条"出路,当循环正常结束或循环条件一次也不满足时,执行 else 分句中的语句块。如果由于某种原因,没有取完遍历结构中的元素就跳出循环,就不会执行。

例 4-11 分析程序运行结果。

【程序 4-11.py】

```
1   #循环正常结束时,执行 else 分句中的语句
2   s = 0
3   for i in range(1,11):
4       s += i
5   else:
```

6	`    print(5)`
7	`#当循环条件一次也不满足时,执行 else 分句中的语句`
8	`s = 0`
9	`for i in range(11,1):`
10	`    s += i`
11	`else:`
12	`    print(5)`

【运行结果】

```
5
5
```

4.3.2　while 循环

语法格式如下：

```
while <循环条件>:
    <循环体>
[else:
    <语句块>]
```

作用：当<循环条件>为 True 时,执行<循环体>中的语句,执行完后,再检查<循环条件>是否为 True,如果为 True,则再次执行<循环体>中的语句,如此反复进行直到<循环条件>为 False 才结束循环。

当循环条件不成立或循环正常结束时执行循环的 else 分句中的语句块。如果由于某种原因,从<循环体>内中止跳出循环,就不会执行 else 分句中的语句。

while 循环语句的流程如图 4.7 所示。

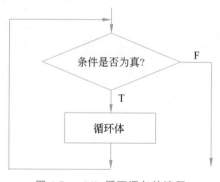

图 4.7　while 循环语句的流程

例 4-12　分析程序运行结果。

【程序 4-12.py】

1	`#循环正常结束时,执行 else 分句中的语句`

```
2   u = 15
3   s = 0
4   while(u>10):
5       s = s+u
6       u = u-2
7   else:
8       print(s)
9   #当循环条件一次也不满足时,执行 else 分句中的语句
10  u = 15
11  s = 0
12  while(u<10):
13      s = s+u
14  else:
15      print(s)
```

【运行结果】

```
39
0
```

例 4-13   我校现有 3 万名学生,按年增长率 0.5% 计算,多少年后学生人数超过 3.5 万?

【程序 4-13-1.py】

```
1   s = 3
2   y = 0
3   while(s <= 3.5):
4       s = s * 1.005
5       y = y+1
6   print(y,"年后学生人数超过 3.5 万。")
```

【运行结果】

31 年后学生人数超过 3.5 万。

请问,本例可以用 for 循环来求解吗?
答案是肯定的。

【程序 4-13-2.py】

```
1   s = 3
2   for i in range(1000000):
3       s = s * 1.005
4       if s >= 3.5:
5           break
6   print(i+1,"年后人数超过 3.5 万。")
```

【运行结果】

31 年后学生人数超过 3.5 万。

从这个例子我们看出,在问题求解时,如果已知循环次数,宜使用 for 循环来解决;在不知道循环次数但已知循环条件时,宜使用 while 循环。

◇例 4-14 已知 s＝1＋4＋7＋10＋…＋n,求使得 s 不大于 100 时 n 的最大值。

【程序 4-14.py】

```
1   s = 1
2   n = 1
3   while s <= 100:
4       n = n+3
5       s = s+n
6   print(n-3)      #因为 n 先加上 3 后再判断是否大于 100,所以需再减去 3
```

【运行结果】

```
22
```

请读者思考如何用 for 循环来求解。

◇例 4-15 利用下列公式计算 e 的近似值。要求最后一项的值小于 10^{-6} 即可。

$$e \approx 1 + 1/1! + 1/2! + \cdots + 1/n!$$

问题分析:设数列项为 u,那么后一项 u 的值等于前一项的值除以 n,即 u/n,这里 n 的递增量为 1。

【程序 4-15.py】

```
1   e = 1
2   u = 1
3   n = 1
4   while(u>1.0E-6):
5       u = u/n
6       e = e+u
7       n = n+1
8   print("e≈",e)
```

【运行结果】

```
e≈ 2.7182818011463845
```

4.3.3 循环嵌套

Python 语言允许在一个循环体里面嵌入另一个循环,这种情况称为循环嵌套。另外,循环和分支结构之间也可以相互嵌套。

◇例 4-16 编写程序,打印九九乘法口诀表。

下面给出了两种方法,试分析和比较它们的特点。

【程序 4-16.py】

```
1    print("方法 1:使用数值表达式")
2    for i in range(1,10):
3        for j in range(1,i+1):
4            if i!= j:
5                print(j," * ",i," = ",j * i,end = ".")
6            else:
7                print(j," * ",i," = ",j * i)
8
9    print("方法 2:使用字符串")
10   for i in range(1,10):
11       a = ''
12       for j in range(1,i+1):
13           a+= str(j) + ' * ' + str(i) + ' = ' + str(i * j) + ' '
14       print (a)
```

【运行结果】

```
方法 1:使用数值表达式
1 * 1 = 1
1 * 2 = 2 2 * 2 = 4
1 * 3 = 3 2 * 3 = 6 3 * 3 = 9
1 * 4 = 4 2 * 4 = 8 3 * 4 = 12 4 * 4 = 16
1 * 5 = 5 2 * 5 = 10 3 * 5 = 15 4 * 5 = 20 5 * 5 = 25
1 * 6 = 6 2 * 6 = 12 3 * 6 = 18 4 * 6 = 24 5 * 6 = 30 6 * 6 = 36
1 * 7 = 7 2 * 7 = 14 3 * 7 = 21 4 * 7 = 28 5 * 7 = 35 6 * 7 = 42 7 * 7 = 49
1 * 8 = 8 2 * 8 = 16 3 * 8 = 24 4 * 8 = 32 5 * 8 = 40 6 * 8 = 48 7 * 8 = 56 8 * 8 = 64
1 * 9 = 9 2 * 9 = 18 3 * 9 = 27 4 * 9 = 36 5 * 9 = 45 6 * 9 = 54 7 * 9 = 63 8 * 9 = 72 9 * 9 = 81
方法 2:使用字符串
1 * 1 = 1
1 * 2 = 2 2 * 2 = 4
1 * 3 = 3 2 * 3 = 6 3 * 3 = 9
1 * 4 = 4 2 * 4 = 8 3 * 4 = 12 4 * 4 = 16
1 * 5 = 5 2 * 5 = 10 3 * 5 = 15 4 * 5 = 20 5 * 5 = 25
1 * 6 = 6 2 * 6 = 12 3 * 6 = 18 4 * 6 = 24 5 * 6 = 30 6 * 6 = 36
1 * 7 = 7 2 * 7 = 14 3 * 7 = 21 4 * 7 = 28 5 * 7 = 35 6 * 7 = 42 7 * 7 = 49
1 * 8 = 8 2 * 8 = 16 3 * 8 = 24 4 * 8 = 32 5 * 8 = 40 6 * 8 = 48 7 * 8 = 56 8 * 8 = 64
1 * 9 = 9 2 * 9 = 18 3 * 9 = 27 4 * 9 = 36 5 * 9 = 45 6 * 9 = 54 7 * 9 = 63 8 * 9 = 72 9 * 9 = 81
```

4.3.4　循环中的特殊语句 pass、break 和 continue

1. pass 语句

pass 是空语句,pass 不做任何事情,一般用作占位语句,仅用于保持程序结构的完整性。

例 4-17　对列表 x 中的数值求和,舍弃其中数值为 2 的元素,并将得到的结果输出。

【程序 4-17.py】

```
1   x = [1,2,3,4,2,55,2,8,677,100,2]
2   s = 0
3   for item in x:
4       if item == 2:
5           pass
6       else:
7           s+= item
8   print('和为:',s)
```

【运行结果】

和为: 848

此例中,我们可以让列表 x 的长度和内容由用户来输入,使其更灵活。

2. break 语句

break 语句用在 while 和 for 循环中,其作用是终止循环,即循环条件没有 False 条件或者序列还没被完全遍历完,就停止执行循环语句。

> **注意**:如果使用循环嵌套,break 语句将停止执行最深层的循环。

例 4-18　在列表 x 中查找一个能被 3 整除的数,如果找到,显示这个数及其位置。

【程序 4-18.py】

```
1   x = [11,22,50,73,81,99,100]
2   k = 0
3   for item in x:
4       k = k+1
5       if item%3 == 0:
6           print('找到能被 3 整除的数',item,"它是第",k,"个数")
7           break
8   if(k == len(x)):
9       print("没有找到能被 3 整除的数")
```

【运行结果】

找到能被 3 整除的数 81 它是第 5 个数

同样,此例中,我们可以让列表 x 的长度和内容由用户来输入,使其更灵活。

3. continue 语句

continue 语句用于结束当前的一次循环,跳过当前循环的剩余语句,进入下一次循环,而 break 语句用于跳出整个循环。continue 语句常用在 while 和 for 循环中。

例 4-19　输入若干成绩,统计成绩及格的人数及其平均成绩。

【程序 4-19.py】

```
1   x = []
2   count = eval(input("输入总人数:"))
3   for i in range(1,count+1):
4       num = eval(input("输入一个成绩:"))
5       x.append(num)
6   sum = 0
7   k = 0
8   for item in x:
9       if(item<60):
10          continue
11      sum = sum+item
12      k = k+1
13  if(k!= 0):
14      print("及格人数是", k, "人,平均成绩是", sum/k)
```

【运行结果】

```
输入总人数:12
输入一个成绩:98
输入一个成绩:72
输入一个成绩:80
输入一个成绩:45
输入一个成绩:30
输入一个成绩:89
输入一个成绩:92
输入一个成绩:54
输入一个成绩:48
输入一个成绩:82
输入一个成绩:67
输入一个成绩:76
及格人数是 8 人,平均成绩是 82.0
```

例 4-20　对于输入的每一个数,判断其是否为素数。

程序分析:

方法 1:对于每一个数 a,逐个检查从 a//2 到 2 的每一个数是否能被整除,如果能则表明此数不是素数,结束循环;否则要继续检查。"while k>1"这个循环结束时,表明 a 是素数,执行该循环的 else 子句。

方法 2:把一个数依次去除从 2 到 sqrt(这个数),如果能被整除,则表明此数不是素数,反之是素数。

【程序 4-20.py】

```
1   print("方法 1:本程序检验一个数是不是素数(从 a//2 到 2)。")
2   a = int(input('请输入一个大于 1 的自然数(0 表示结束):'))
3   while(a!=0):
4       k = a//2
```

```
5        while k>1:
6            if a%k == 0:
7                print(a,'不是素数,含有因子',k)
8                break
9            k = k-1
10       else:
11           print(a,'是素数')
12       a = int(input('请输入一个大于 1 的自然数(0 表示结束):'))
13
14   print("方法 2:本程序检验一个数是不是素数(2 到 sqrt(这个数))。")
15   from math import sqrt
16   m = eval(input('请输入一个大于 1 的自然数(0 表示结束):'))
17   while(m!= 0):
18       k = int(sqrt(m + 1))
19       for i in range(2,k + 1):
20           if m % i == 0:
21               print(m,'不是素数,含有因子',i)
22               break
23       else:
24           print(m,'是素数')
25       m = eval(input('请输入一个大于 1 的自然数(0 表示结束):'))
```

【运行结果】

```
方法 1:本程序检验一个数是不是素数(从 a//2 到 2)。
请输入一个大于 1 的自然数(0 表示结束):23
23 是素数
请输入一个大于 1 的自然数(0 表示结束):25
25 不是素数,含有因子 5
请输入一个大于 1 的自然数(0 表示结束):0
方法 2:本程序检验一个数是不是素数(2 到 sqrt(这个数))
请输入一个大于 1 的自然数(0 表示结束):23
23 是素数
请输入一个大于 1 的自然数(0 表示结束):25
25 不是素数,含有因子 5
请输入一个大于 1 的自然数(0 表示结束):0
```

4.4　异　常　处　理

4.4.1　什么是异常

程序执行中产生的错误称为异常。Python 用异常对象(Exception 对象)来表示异常情况。出现异常后,如果异常对象未被处理或捕捉,程序就会使用所谓的回溯(Traceback,一种错误信息)终止执行。例如:

```
>>> print(x)
Traceback (most recent call last):
  File "<pyshell#1>", line 1, in <module>
    print(x)
NameError: name 'x' is not defined
>>> 2/0
Traceback (most recent call last):
  File "<pyshell#2>", line 1, in <module>
    2/0
ZeroDivisionError: division by zero
```

我们看到,上面的这些错误如果得不到正确的处理,将会导致程序终止运行。

> **注意**:异常和错误是不一样的两个概念。
>
> 错误一般分为语法错误和逻辑错误。拼写错误、缩进不一致、引号或括号不成对等都属于语法错误;语法错误的代码一般不能执行,而逻辑错误的代码通常可以执行但得到错误的结果。
>
> 异常一般是指运行时由于某些条件不符合而引发的错误,如果得不到正确的处理,将会导致程序崩溃、终止运行。

4.4.2 异常处理 try…except 语句

可以使用 try…except 语句来处理异常。try…except 语句用来检测 try 语句块中的错误,从而让 except 语句捕获异常信息并处理。如果你不想在异常发生时结束程序,只需在 try 语句块里捕获它。

1. 基本的 try…except 语句

语法格式如下:

```
try:
    <可能引发异常的代码>
except:
    <语句>
```

作用:当运行检测到错误时,就会引发异常,从而跳到 except 分句,执行 except 之后的语句。这种格式可以捕捉所有异常。

例 4-21 输入两个整数,打印它们相除之后的结果。对输入非整数或除数为零的情况,进行异常处理。

【程序 4-21.py】

1	k = 0
2	while(k<3):
3	try:
4	x = eval(input('请输入第一个整数:'))

```
5            y = eval(input('请输入第二个整数:'))
6            print('x/y = ',x/y)
7        except:              #捕获所有异常
8            print("输入错误")
9        k = k+1
```

【运行结果】

```
请输入第一个整数:qq
输入错误
请输入第一个整数:1
请输入第二个整数:0
输入错误
```

2. 根据异常类名捕捉异常的 try…except 语句

可以在 except 分句中增加异常名称,这样可以捕捉异常类名进行相应处理。

语法格式如下:

```
try:
    <可能引发异常的代码>
except <异常名称 1>:      #捕获"异常名称 1"
    <语句 1>             #如果异常被 except 捕获,就执行语句 1
[except <异常名称 2>:     #捕获"异常名称 2"
    <语句 2>             #如果异常被 except 捕获,就执行语句 2
…
except <异常名称 n>:      #捕获"异常名称 n"
    <语句 n>]            #如果异常被 except 捕获,就执行语句 n
```

作用:每当运行时检测到错误时,就会引发异常,从而跳到对应的异常 except 分句,然后继续 except 之后的语句。

Python 内置很多异常类,如表 4-1 所示,可以通过这些异常名称捕获异常,了解这些异常名称,也可以有效地帮助我们调试程序。

表 4-1　Python 内置的异常类

异 常 名 称	描　　述
BaseException	所有异常的基类
SystemExit	解释器请求退出
KeyboardInterrupt	用户中断执行(通常是输入^C)
Exception	常规错误的基类
StopIteration	迭代器没有更多的值
GeneratorExit	生成器发生异常来通知退出
StandardError	所有的内建标准异常的基类
ArithmeticError	所有数值计算错误的基类

续表

异 常 名 称	描　　述
FloatingPointError	浮点计算错误
OverflowError	数值运算超出最大限制
ZeroDivisionError	除（或取模）零（所有数据类型）
AssertionError	断言语句失败
AttributeError	对象没有这个属性
EOFError	没有内建输入，到达 EOF 标记
EnvironmentError	操作系统错误的基类
IOError	输入/输出操作失败
OSError	操作系统错误
WindowsError	系统调用失败
ImportError	导入模块/对象失败
LookupError	无效数据查询的基类
IndexError	序列中没有此索引
KeyError	映射中没有这个键
MemoryError	内存溢出错误（对于 Python 解释器不是致命的）
NameError	未声明/初始化对象（没有属性）
UnboundLocalError	访问未初始化的本地变量
ReferenceError	弱引用（Weak Reference）试图访问已经垃圾回收了的对象
RuntimeError	一般的运行时错误
NotImplementedError	尚未实现的方法
SyntaxError	Python 语法错误
IndentationError	缩进错误
TabError	Tab 和空格混用
SystemError	一般的解释器系统错误
TypeError	对类型无效的操作
ValueError	传入无效的参数
UnicodeError	Unicode 相关的错误
UnicodeDecodeError	Unicode 解码时错误
UnicodeEncodeError	Unicode 编码时错误
UnicodeTranslateError	Unicode 转换时错误
Warning	警告的基类

续表

异 常 名 称	描　　述
DeprecationWarning	关于被弃用的特征的警告
FutureWarning	关于构造将来语义会有改变的警告
OverflowWarning	旧的关于自动提升为长整型(long)的警告
PendingDeprecationWarning	关于特性将会被废弃的警告
RuntimeWarning	可疑的运行时行为的警告
SyntaxWarning	可疑的语法的警告
UserWarning	用户代码生成的警告

例 4-22　输入两个整数,打印它们相除之后的结果。对输入非整数或除数为零的情况,进行异常处理。

【程序 4-22.py】

```
1   k = 0
2   while(k<3):
3       try:
4           x = eval(input('请输入第一个整数:'))
5           y = eval(input('请输入第二个整数:'))
6           print('x/y = ',x/y)
7       except NameError:
8           print('请输入一个整数。')
9       except ZeroDivisionError:
10          print('除数不能为零。')
11      k = k+1
```

【运行结果】

```
请输入第一个整数:abc
请输入一个整数。
请输入第一个整数:12
请输入第二个整数:0
除数不能为零。
请输入第一个整数:1
请输入第二个整数:2
x/y= 0.5
```

3. 带异常实例的 try…except 语句

如果希望在 except 语句中访问异常对象本身,或因为某种原因想记录下错误,可以给 except 语句增加一个参数变量 as reason,我们称之为异常实例。语法格式如下:

```
try:
    <可能引发异常的代码>
except <异常名称 1[as reason]>:      #捕获"异常名称 1"并记录异常实例
```

```
    <语句 1>
[except <异常名称 2[as reason]>:
    <语句 2>
...
except <异常名称 n[as reason]>:
    <语句 n>]
```

例 4-23   带异常实例的异常捕捉。

【程序 4-23.py】

```
1    k = 0
2    while(k<3):
3        try:
4            x = eval(input('请输入第一个整数:'))
5            y = eval(input('请输入第二个整数:'))
6            print('x/y = ',x/y)
7        except (NameError,ZeroDivisionError)as e:      #捕捉多种异常
8            print(e)
9        k = k+1
```

【运行结果】

```
请输入第一个整数:abc
name 'abc' is not defined
请输入第一个整数:12
请输入第二个整数:0
division by zero
请输入第一个整数:1
请输入第二个整数:2
x/y= 0.5
```

注意：本例中，为减少代码量，把多个异常名称放入一个元组中，就可以同时捕捉多种异常，而且共用同一段异常处理代码。

4. try…except…else…finally 语句

语法格式如下：

```
try:
    <可能引发异常的代码>
except <异常名称 1[as reason]>:
    <语句 1>
[except <异常名称 2[as reason]>:
    <语句 2>
...
except <异常名称 n[as reason]>:
    <语句 n>
else:
    <如果无异常就执行此代码>
```

```
finally:
    <无论是否发生异常,一定会执行的代码>]
```

作用：如果在 try 子句执行时没有发生异常,Python 将执行 else 后的代码块,然后控制流通过整个 try 语句。无论是否发生了异常,只要提供了 finally 语句,以上 try…except…else…finally 代码块执行的最后一步总是执行 finally 所对应的代码块。

例 4-24　带异常实例的异常捕捉。

【程序 4-24.py】

```
1    k = 0
2    while(k<3):
3        try:
4            x = eval(input('请输入第一个整数:'))
5            y = eval(input('请输入第二个整数:'))
6            print('x/y = ',x/y)
7        except (NameError,ZeroDivisionError)as e:
8            print(e)
9        else:
10           print('无异常,x/y = ',x/y)
11       finally:
12           print("最后一步!")
13       k = k+1
```

【运行结果】

```
请输入第一个整数:abc
name 'abc' is not defined
最后一步!
请输入第一个整数:12
请输入第二个整数:0
division by zero
最后一步!
请输入第一个整数:1
请输入第二个整数:2
x/y = 0.5
无异常,x/y = 0.5
最后一步!
```

4.4.3　自定义异常类

通过创建一个新的异常类,程序可以命名它们自己的异常。异常应该是通过直接或间接的方式继承自 Exception 类。

1. 自定义异常

首先要自己定义一个异常类。语法格式如下：

```
class SomeCustomException(Exception)
pass
```

其中,SomeCustomException 是自定义异常的名称;Exception 是自定义异常所继承的基类。

2. 抛出异常(引发异常)

定义异常类后,再通过 raise 语句来触发异常。raise 语法格式如下:

```
raise <class>
```

或

```
raise <instance>
```

第一种形式隐式地创建了实例;第二种形式最常见,直接提供一个实例,要么是 raise 语句自带的,要么是在 raise 语句之前创建的。

例 4-25　输入与输出一个人的姓名、年龄、月收入(输出年收入),根据每个项目的约束条件,人为地引发异常。这里约定姓名字符串长度必须大于 2 而小于 20,年龄在 18 到 60 之间,月工资大于 800,否则引发异常。

【程序 4-25.py】

```
1   class StrExcept(Exception):
2       pass
3   class MathExcept(Exception):
4       pass
5   while True:
6       try:
7           x = input('请输入你的名字(2-20 字符):')
8           if len(x)<2 or len(x)>20:
9               raise StrExcept
10          y = eval(input('请输入你的年龄(18-60):'))
11          if y<18 or y>60:
12              raise MathExcept
13          z = eval(input('请输入你的月工资(大于 800):'))
14          if z<800:
15              raise MathExcept
16          print('姓名:',x)
17          print('年龄:',y)
18          print('年收入:',z * 12)
19          break
20      except StrExcept :
21          print('输入名称异常')
22      except MathExcept:
23          print('输入数值异常')
24      except Exception as e:
25          print('输入异常',e)
```

【运行结果】

请输入你的名字(2-20 字符):张

```
输入名称异常
请输入你的名字(2-20 字符):张三
请输入你的年龄(18-60):10
输入数值异常
请输入你的名字(2-20 字符):张三
请输入你的年龄(18-60):q
输入异常 name 'q' is not defined
请输入你的名字(2-20 字符):张三
请输入你的年龄(18-60):20
请输入你的月工资(大于 800):500
输入数值异常
请输入你的名字(2-20 字符):张三
请输入你的年龄(18-60):20
请输入你的月工资(大于 800):1000
姓名:张三
年龄: 20
年收入: 12000
```

3. assert 语句(断言异常)

assert 语句是指当指定的条件为真时,程序继续执行;当条件为假时触发 AssertionError 异常,所以 assert 语句可视为条件式的 raise 语句。语法格式如下:

```
assert <test>,[data]
```

参数<test>是逻辑表达式,[data]通常是个字符串,是当<test>为 False 时提示的信息,可以省略。

作用:用来收集用户定义的约束条件,而不是捕获内在的程序设计错误。

例 4-26　求 x 与 y 的最大公约数(Greatest Common Divisor,GCD),使用 assert 语句来约束 x、y 的取值应大于 1,即如果 x 与 y 的取值不大于 1 则进入异常处理,并请用户再次输入两个数,直到输入正确的值。这种设计的目的是保证用户输入的正确性。

【程序 4-26.py】

```
1    while True:
2        try:
3            x = eval(input('请输入第一个数:'))
4            y = eval(input('请输入第二个数:'))
5            assert x>1 and y>1,'x 与 y 的取值必须大于 1'
6            for i in range(1,min(x,y) + 1):
7                if(x % i == 0) and (y % i == 0):
8                    GCD = i   #GCD 表示最大公约数
9                else:
10                   print("最大公约数:",GCD)
11                   break
12       except Exception as e:
13           print('捕捉到异常:\n',e)
```

【运行结果】

```
请输入第一个数:-30
请输入第二个数:55
捕捉到异常:
x 与 y 的取值必须大于 1
请输入第一个数:a30
捕捉到异常:
name 'a30' is not defined
请输入第一个数:30
请输入第二个数:55
最大公约数为:5
```

本例使用 assert 语句来约束 x、y 的取值应大于 1 的情况,还有更多用户输入的问题需使用更多的异常处理来完成。

合理地进行异常处理,可以使软件具有更高的容错性、健壮性和可靠性,提高用户的体验。

基础知识练习

一、写出下面程序的运行结果

(1) 当下面程序运行时,输入整数 6,运行结果是什么?

```
1    s = input("请输入一个整数:")
2    if s >= 5:
3            print(s+1)
4    elif s >= 10:
5            print(s+2)
6    else:
7            print(s)
```

(2) 写出下面程序的运行结果。

```
1    x = 5
2    y = False
3    z = 10
4    if x or y and z:
5        print(x+y+z)
6    else:
7        print( "no")
```

(3) 写出下面程序的运行结果。

```
1    s = 0
2    for i in range(1,101):
```

```
3        s += i
4    else:
5        print(1)
```

（4）写出下面程序的运行结果。

```
1    s = 0
2    for i in range(1,101):
3        s += i
4        if i == 50:
5            print(s)
6            break
7    else:
8        print(1)
```

（5）写出下面程序的运行结果。

```
1    s = 0
2    for i in range(1,101):
3        s += i
4        if i == 50:
5            print(s)
6            continue
7            print('#')
8    else:
9        print(1)
```

（6）写出下面程序的运行结果。

```
1    x = [ ]
2    k = 10
3
4    while k>0:
5        if k%2!=0:
6            x.append(k)
7        k-= 1
8    print(x, ', ',k)
```

（7）下面程序运行时,输入 123,运行结果是什么?

```
1    num = eval(input("请输入一个整数:"))
2    while(num!=0):
3        print(num%10,end = ';')
4        num = num//10
```

二、编程题

（1）输入两个数,求它们的最大数。

（2）判断一个四位数是不是回文数。比如 1221 是一个回文数,即个位与千位相同、十位与百位相同。

（3）一个球从 100 米的高度自由落下，每次落地后反跳回上一高度的一半后再落下，求它在第 10 次落地时，共经过多少米？第 10 次能反弹多高？

（4）打印出由 1、2、3、4 共四个数字组成的互不相同且无重复数字的三位数。

程序分析：可以填在百位、十位、个位的数字是 1、2、3、4。将其组合后，再去掉重复数字的排列。

（5）打印出如下菱形图案。

```
    *
   * * *
  * * * * *
 * * * * * * *
  * * * * *
   * * *
    *
```

程序分析：把图形分成两部分来看待，前四行符合一种规律，后三行符合另一种规律，利用双重 for 循环，第一层控制行，第二层控制列。

（6）某公司采用公用电话来传递数据，数据是四位的整数，在传递过程中是加密的，加密规则如下：每位数字都加上 5，然后用总和除以 10 的余数代替该数字，再将第一位和第四位交换，第二位和第三位交换。

（7）已知 s＝1＋2＋3＋4＋…＋n，求使得 s 不大于 100 时的 n 最大值。请分别用 for 和 while 两种循环结构来完成。

（8）假设某人的力量每天进步千分之一个单位，那么一年后他能进步多少个单位呢？如果每天退步千分之一个单位，一年后又怎么样呢？

> 💬 朴言素语
>
> 编程计算后，我们会发现：每天进步千分之一，那么一年后他的力量竟然是之前的 1.44 倍；如果每天退步千分之一，一年后就只剩下原来的 0.69 倍。天天向上的力量竟然如此之大！不积跬步，无以至千里；不积小流，无以成江海！

能力拓展与训练

（1）求一个 3×3 矩阵的对角线元素之和。

程序分析：这里需要用到列表嵌套来表示矩阵。比如用[[1,2,3]、[4,5,6]、[7,8,9]]表示 3×3 矩阵。利用双重 for 循环输入数值到列表中，再将列表项累加后输出。

（2）编写程序，生成一个包含 10 个随机整数的列表，然后对其中偶数下标的元素进行降序排列，奇数下标的元素不变。（提示：使用列表切片、循环语句和 random 函数）

本章实验实训(一)

一、实验实训目标

(1)掌握顺序结构的使用。
(2)掌握选择结构的使用。

二、主要知识点

(1)赋值运算符和各类赋值语句的使用。
(2)单分支、双分支和多分支语句。
(3)分支结构嵌套。

三、实验实训内容

【实验实训 4-1-1】 写出以下程序的运行结果。

(1)基本赋值语句程序。

```
1  #<(1)基本赋值语句程序>
2  x = 1
3  y = 2
4  k = x+y
5  print(k)
```

(2)序列赋值语句程序。

```
1  #<(2)序列赋值语句程序>
2  a,b = 4,5
3  print(a,b)
4  a,b = (6,7)
5  print(a,b)
6  a,b = "AB"
7  print(a,b)
8  ((a,b),c) = ('AB','CD')    #嵌套序列赋值
9  print(a,b,c)
```

(3)多目标赋值语句程序 1。

```
1  #<(3)多目标赋值语句程序 1>
2  i = j = k = 3
3  print(i,j,k)
4  i = i+2              #改变 i 的值,并不会影响到 j, k
5  print(i,j,k)
```

（4）多目标赋值语句程序 2。

```
1   #<(4)多目标赋值语句程序 2>
2   i = j = []           #定义 i 和 j 都是空列表,i 和 j 指向同一个空的列表地址
3   i.append(30)         #向列表 i 中添加一个元素 30,列表 j 也受到影响
4   print(i,j)
5   i = []
6   j = []
7   i.append(30)
8   print(i,j)
```

（5）赋值运算符程序。

```
1   #<(5)赋值运算符程序>
2   i = 2
3   i * = 3
4   print(i)
```

【实验实训 4-1-2】 输入学生的分数 score,输出成绩等级 grade。其中分数＞＝90
分的用 A 表示,60～89 分的用 B 表示,60 分以下的用 C 表示。

【实验实训 4-1-3】 编写程序,实现分段函数计算,如下表所示。

x	y
x<0	0
0<=x<5	x
5<=x<10	3x−5
10<=x<20	0.5x−2
20<=x	0

补全程序：

```
1   x = eval(input('Please input x:'))    #eval(x)计算 x 中有效表达式的值
2   if x<0 or x>=20:
3       print(0)
4   elif 0<=x<5:
5       print(x)
6   (_____)
7       print(3 * x-5)
8   (_____)
9       print(0.5 * x-2)
```

【实验实训 4-1-4】 输入一个不多于 5 位的正整数,指出它是几位数,并逆序打印出
各位数字。

程序分析：使用算术运算符％和//来分解出每一位数。

补全程序：

```
1   x = eval(input("请输入一个数:\n"))
```

```
2    a = x//10000
3    b = x % 10000//1000
4    c = (_____)
5    d = x % 100//10
6    e = x % 10
7    if a != 0:
8        print ("是一个 5 位数:",e,d,c,b,a)
9    elif b != 0:
10       print ("是一个 4 位数:",e,d,c,b)
11   elif c != 0:
12       (_____)
13   elif d != 0:
14       print ("是一个 2 位数:",e,d)
15   else:
16       print ("是一个 1 位数:",e)
```

【实验实训 4-1-5】　编写程序,解一元二次方程 $ax^2+bx+c=0$。用户输入系数 a、b、c,如果有实根,计算并输出实根;否则输出"无实根"。

补全程序:

```
1    from math import *
2    print("本程序求 ax^2+bx+c = 0 的实根")
3    a = float(input("请输入 a:"))
4    b = float(input("请输入 b:"))
5    c = float(input("请输入 c:"))
6    delta = b * b-4 * a * c
7    if(delta>=0):
8        delta = sqrt(delta)
9        (_____)
10       (_____)
11       print("两个实根分别为:",x1,x2)
12   else:
13       (_____)
```

【实验实训 4-1-6】　解一元二次方程 $ax^2+bx+c=0$。用户输入系数 a、b、c,输出该方程的根(含复根),并考虑输入的系数构不成方程或只构成一次方程的情况。

分析并运行程序,理解其中算法设计与实现的思路。

```
1    print("本程序求 ax^2+bx+c = 0 的实根")
2    a = float(input("请输入 a:"))
3    b = float(input("请输入 b:"))
4    c = float(input("请输入 c:"))
5    if (a == 0):
6        if (b == 0):
7            print("你输入的系数不构成方程")
8        else:
```

```
9            x = -c/b
10           print('实际为一元一次方程,根为: ',x)
11    else:
12        delta = b * b-4 * a * c
13        if(delta>=0):
14            delta = sqrt(delta)
15            x1 = (-b+delta)/(2 * a)
16            x2 = (-b-delta)/(2 * a)
17            print("两个实根分别为:",x1,x2)
18        else:
19            delta = sqrt(-delta)
20            x1 = -b/(2 * a)
21            x2 = delta/(2 * a)
22            print('方程有复根,它们是: ')
23            print('x1 = ',complex(x1,x2),',','x2 = ',complex(x1,-x2))
```

本章实验实训(二)

一、实验实训目标

掌握循环结构的使用,进一步理解程序设计和运行的过程。

二、主要知识点

(1) for 语句的使用。

(2) while 语句的使用。

(3) 循环嵌套的使用。

三、实验实训内容

【实验实训 4-2-1】 写出下面程序的运行结果。

```
1    m = 1
2    for x in range(1,5):
3        m *= x
4    print(m)
```

【实验实训 4-2-2】 写出下面程序的运行结果。

```
1    L = ['Python','is','strong']
2    for i in range(len(L)):
3        print(i,L[i],end = ' ')
```

【实验实训 4-2-3】　写出下面程序的运行结果。

```
1   words = ['cat','window', 'defenestrate']
2   for w in words[:]:        #省略初值和终值,表示遍历全部列表元素
3       if len(w)>6:
4           words.append(w)
5   print(words)
```

【实验实训 4-2-4】　求 1~100 的正整数数列之和。阅读和运行下面程序,理解和体会不同方法的特点。

```
1    #1 基本方法
2    s = 0
3    for x in range(1,101):
4        s += x
5    print(s)
6
7    #2 列表推导式求和
8    number_list = [number for number in range(1,101)]   #生成 1~100 的数列
9    print(sum(number_list))    #数列求和
10
11   #3 最简约方法
12   s = sum(range(1,101))
13   print(s)
```

【实验实训 4-2-5】　参考上例,编程求 1~n 正整数的平方和。n 由用户输入。

【实验实训 4-2-6】　有一分数序列:2/1,3/2,5/3,8/5,13/8,21/13,…,求这个数列的前 20 项之和。

提示:请抓住数列中分子与分母的变化规律。

【实验实训 4-2-7】　已知 s=2+4+6+8+…+n,求使得 s 不大于 100 时的 n 最大值。请分别用 for 和 while 两种循环结构来完成。

【实验实训 4-2-8】　编程打印如下图所示的字符金字塔。阅读并运行程序,理解其中的算法设计与实现思路。如果最后的 print()语句不进行缩进,会出现什么结果? 为什么?

A

BAB

CBABC

DCBABCD

EDCBABCDE

FEDCBABCDEF

GFEDCBABCDEFG

HGFEDCBABCDEFGH

IHGFEDCBABCDEFGHI

程序如下：

```
1    n = 65
2    for a in range(10):
3        print(' ' * (20-a),end = '')
4        for b in range(a-1,0,-1):
5            print(chr(n+b),end = '')
6        for b in range(a):
7            print(chr(n+b),end = '')
8        print()
```

【实验实训 4-2-9】 猜数游戏。随机产生一个 1～100 的整数，请用户猜一猜，如果大于随机产生的数，则显示"太大了！"；小于预设的数，则显示"太小了！"；如此循环，直至猜中该数，显示"恭喜！你猜中了！"，并显示用户猜测的次数。

补全程序：

```
1    import random
2    t = random.randint(1,100)    #随机产生一个 1~100 的整数
3    count = 0
4    while True:
5        try:
6            guess = eval(input('请输入你猜的数(1~100):'))
7        except:
8            print("输入有误,不计入猜测次数哦!")
9            continue
10       count = count+1
11       if guess>t:
12           print("太大了!")
13       elif (_____)
14           print("太小了!")
15       else:
16           print("恭喜!你猜中了!")
17           (_____)
18   print("你猜了",count,"次。")
```

【实验实训 4-2-10】 设计一个带有评分功能的四则运算测试小程序。随机产生两个 1～100 的整数，随机出 10 道加、减、乘、除四则运算题，每道题 10 分，满分 100 分，请用户输入其和、差、积、商（保留一位小数），每次输入答案后，显示正确答案，输入 10 个答案后显示本次测试的得分。

补全程序：

```
1    import random
2    score = 0
3    for i in range(1,11):              #共 10 道题,每道题 10 分
4        x = random.randint(1,10)       #产生 1~10 的随机整数
5        y = random.randint(1,10)
```

```
6        operator = random.choice(["+","-","*","/"])
7        print("请输入带 1 位小数位的实数答案{}{}{} = ？"
8              .format(x,operator,y),end = "")
9        s = eval(input())
10       if operator == "+":
11           answer = x+y
12       elif operator == "-":
13           (_____)
14       elif operator == "*":
15           answer = x * y
16       else:
17           answer = x/y
18
19       if s == answer:
20           (_____)
21       print("正确答案{}{}{} = {:.1f}".format(x,operator,y,answer))
22   print("你的得分是:",score)
```

如果将第 4 条语句换成 random.uniform(1,10)，将会随机产生 1～10 的实数。

第 5 章 函数与模块

锲而舍之,朽木不折;锲而不舍,金石可镂。

——《荀子·劝学》

在软件开发过程中,经常会在不同的代码位置多次执行相似或完全相同的代码块,这时就可以将需要反复执行的代码封装为函数或模块,并在需要执行该代码功能的地方进行函数调用或模块的导入,从而实现代码的复用。利用函数或模块这个特点,在软件开发过程中就可以把大任务拆分成多个函数或模块,这也是分治法的经典应用,即使复杂问题简单化,使软件开发像搭积木一样简单。

函数是组织好的可重复使用的用来实现单一或相关联功能的代码段。函数能提高软件的模块化和代码的重复利用率。

模块是方法的集合,用于有逻辑地组织 Python 代码段。把相关的代码分配到一个模块里能让代码更好用、更易懂。简单地说,模块就是一个保存了 Python 代码的文件。模块能定义函数、类和变量,模块里也能包含可执行的代码。

Python 的默认安装仅包含部分基本或核心模块,启动时也仅加载了基本模块,在需要时再显式地加载(有些模块可能需要先安装)其他模块,这样可以减少程序运行的压力,且具有很好的扩展性。

Python 可重用的第三方程序代码包括库、函数、模块、类、程序包等,这些可重用代码统称为库。在 Python 中使用到的库可以分为以下三类。

(1) Python 的内置函数。Python 的内置函数是默认安装和加载的基本模块,这些函数不需要引用库,直接使用即可。Python 共提供了 68 个内置函数。比如,在前面几章介绍和使用过的 print()、内置的数值运算函数、内置的字符串运算函数等。

(2) Python 标准库和第三方库(或称扩展库)。Python 之所以得到各行业领域工程师、策划师以及管理人员的青睐,与其庞大的第三方库有很大关系,而且这些库每天都在以迅猛的速度在增加,大幅度地提高了各行各业软件的开发速度。这些大量的标准库和第三方库不是 Python 默认安装和加载的模块,需要导入之后才能使用其中的对象,模块的文件类型是.py。

标准库内置在 Python 安装包中,不需要安装,只需导入。受限于安装包的设定大小,标准库数量不太多,270 个左右,安装在 Python 安装目录的 Lib 目录下。

第三方库由全球各行业专家、工程师和爱好者开发。第三方库需要先正确安装才能导入。

（3）自定义函数。自定义函数是指程序员在编程过程中，发现某些代码需要重复编写，而 Python 内置函数、标准库和第三方库中又没有此类函数，因此需要自己定义的函数。

本章主要介绍后两类的使用。

5.1 模块的导入和使用

Python 标准库和第三方库都需要先导入才能使用。

Python 中导入模块的方法主要有 import 语句和 from…import 语句两种形式。

1. import 语句

导入模块的语法格式如下：

import 模块 1[, 模块 2[,… 模块 N]

使用模块的语法格式如下：

模块名.函数名(参数)

例如：

```
>>> import math
>>> math.sqrt(9)
3.0
>>> math.sin(2)
0.9092974268256817
```

2. from…import 语句

语法格式一：

from 模块名 import 函数名或变量名 1[,函数名或变量名 2[,… 函数名或变量名 N]]

语法格式二：

from 模块名 import *

说明：

语法格式一是从模块中导入指定的模块成员。

语法格式二是把模块的所有内容全都导入到当前的命名空间。这种导入方式可以减少查询次数，提高访问速度，同时也减少了程序员需要输入的代码量，而不需要使用模块名作为前缀。这种导入模块方式虽然写起来比较省事，可以直接使用模块中的所有函数和对象而不需要再使用模块名作为前缀，但一般并不推荐使用。因为如果多个模块中有同名的对象，这种方式将会导致只有最后一个导入的模块中的同名对象是有效的，而之前导入的模块中的该同名对象无法访问。

使用模块的语法格式如下：

函数名(参数)

例如：

```
>>> from math import sqrt,sin
>>> sqrt(9)
3.0
>>> sin(2)
0.9092974268256817
```

◆例 5-1   导入 calendar 模块，用户输入想要查询的年和月后，显示该月的日历。

【程序 5-1.py】

```
1    from calendar import month
2    yy = int(input("输入年份: "))
3    mm = int(input("输入月份: "))
4    print(month(yy,mm))
```

【运行结果】

```
输入年份: 2019
输入月份: 7
      July 2019
Mo  Tu  We  Th  Fr  Sa  Su
 1   2   3   4   5   6   7
 8   9  10  11  12  13  14
15  16  17  18  19  20  21
22  23  24  25  26  27  28
29  30  31
```

另外，如果想使用已有的 Python 文件，也只需在另一个程序文件中执行导入语句即可。

◆例 5-2   已知 eg1.py 中有一个名为 f 的函数，如下所示。编写程序，在另外一个程序中调用 eg1.py 中的 f 函数。

【eg1.py】

```
1    def f():
2        print('eg1.py is OK!!!')
```

【程序 5-2.py】

```
1    from eg1 import *
2    print("调用 eg1 中的 f 函数")
3    f()
```

【运行结果】

```
调用 eg1 中的 f 函数
eg1.py is OK!!!
```

说明：在用 import 语句导入模块时，最好按照这样的顺序依次导入，即 Python 标准库模块→Python 扩展库模块→自定义函数。

5.2　Python 标准库

Python 标准库是 Python 安装的时候默认自带的标准库。Python 标准库无须安装。Python 标准库中有众多的库，这里介绍其中常用的三个库。

5.2.1　random 库

random 库是使用随机数的 Python 标准库。

Python 中随机数的生成基于随机数种子，根据输入的种子，利用算法生成一系列的随机数。random 库的常用函数有 9 个，见表 5-1 所示。

表 5-1　random 库的常用函数

函　　数	描　　述
seed(a=None)	初始化随机数种子，默认值为当前系统时间，例如： >>> random.seed(10) ♯产生种子 10 对应的序列
random()	生成一个[0.0,1.0)的随机小数，例如： >>> random.random() 0.5714025946899135
randint(a,b)	生成一个[a,b]的随机整数，例如： >>> random.randint(10,100) 84
getrandbits(k)	生成 1kb 长的随机整数，例如： >>> random.getrandbits(16) 37885
randrange(m,n[,k])	生成一个[m,n)的以 k 为步长的随机整数，例如： >>> random.randrange(10,100,10) 90
uniform(a,b)	生成一个[a,b]的随机小数，例如： >>> random.uniform(10,100) 16.848041210321334
choice(seq)	从序列类型(字符串、列表、元组)中随机选择一个元素，例如： >>> random.choice([1,2,3,4,5,6,7,8,9]) 8

续表

函　　数	描　　述

shuffle(seq)	将序列类型(字符串、列表、元组)中元素随机排列,返回打乱顺序后的序列,例如:
	>>> s=[1, 2, 3, 4, 5, 6, 7, 8, 9]
	>>> random.shuffle(s)
	>>> s
	[9, 4, 6, 3, 5, 2, 8, 7, 1]

sample(pop,k)	从组合类型(字符串、列表、元组、集合)中随机选取 k 个元素,以列表类型返回,例如:
	>>> random.sample("1234567",3)
	['1', '4', '7']
	>>> random.sample({1,2,3,4,5,6},2)
	[1, 4]

例 **5-3**　随机生成一个四位验证码。四位验证码中的每位元素可以是 3 种情况:数字 0～9、大写字母 A～Z 或小写字母 a～z。

【程序 5-3.py】

```
1    import random
2    checkcode = ''
3    for i in range(4):                     #每循环一次产生一位验证码元素
4        n = random.randrange(0, 3)         #生成随机数 0~2(因为有三种情况)
5        if n == 0:
6            tmp = chr(random.randrange(65, 91))      #数字 65~90 对应字母 A~Z
7        elif n == 1:
8            tmp = chr(random.randrange(97, 123))     #数字 97~122 对应字母 a~z
9        else:
10           tmp = random.randrange(0, 10)    #生成随机数字 0~9
11       checkcode += str(tmp)
12   print(checkcode)
```

【运行结果】

```
8ZjL
```

5.2.2　time 库

time 库是 Python 中处理时间的标准库,主要用于获取系统时间,提供系统级精确计时功能,以便进行程序性能分析。

1. 时间处理

时间处理主要包括如下 4 个函数。

(1) 使用 time.time()获取当前时间戳。

时间戳是指格林尼治时间 1970 年 01 月 01 日 00 分 00 秒(北京时间 1970 年 01 月 01 日 08 时 00 分 00 秒)起至现在的总秒数。

Python 获取时间的常用方法是,先得到时间戳,再将其转换成想要的时间格式。例如:

```
>>> import time
>>> time.time()
1564450927.1466367
```

(2) 使用 time.gmtime([secs])把一个时间戳(按秒计算的浮点数)转换为 struct_time 对象。

日期、时间是包含许多变量的,所以在 Python 中定义了一个元组对象 struct_time 将所有这些变量组合在一起,包括 4 位数年、月、日、小时、分钟、秒等,其元素构成见表 5-2 所示。

表 5-2　struct_time 对象的元素构成

下标	属性	值
0	tm_year	年,4 位整数
1	tm_mon	月,1～12
2	tm_mday	日,1～31
3	tm_hour	小时,0～23
4	tm_min	分,0～59
5	tm_sec	秒,0～61(60 或 61 是闰秒)
6	tm_wday	星期,0～6(0 是周一)
7	tm_yday	该年的第几天,1～366
8	tm_isdst	是否夏令时,0 为否、1 为是、−1 为未知

例如:

```
>>> time.gmtime()
time.struct_time(tm_year = 2019, tm_mon = 7, tm_mday = 30, tm_hour = 2, tm_min
= 12, tm_sec = 57, tm_wday = 1, tm_yday = 211, tm_isdst = 0)
```

(3) 使用 time.localtime([secs]把一个时间戳(按秒计算的浮点数)转换为本地时间的 struct_time 对象。例如:

```
>>> time.localtime()
time.struct_time(tm_year = 2019, tm_mon = 7, tm_mday = 30, tm_hour = 9, tm_min
= 53, tm_sec = 4, tm_wday = 1, tm_yday = 211, tm_isdst = 0)
```

(4) 使用 time.ctime(secs) 把一个时间戳(按秒计算的浮点数)转换为对应的易读字

符串表示。例如：

```
>>> time.ctime()
'Tue Jul 30 10:13:18 2019'
```

2. 时间格式化

时间格式化主要包括如下 3 个函数。

(1) 使用 time.mktime(t)将 struct_time 对象 t 转换为时间戳，注意 t 为当地时间。该函数相当于 time()的逆函数。例如：

```
>>> time.mktime(time.localtime())
1564452132.0
```

(2) 使用 time.strftime(format[,t])将对象 t 格式化输出。strftime()的格式化控制符见表 5-3 所示。

表 5-3   strftime()的格式化控制符

格式化字符串	含 义	值
%Y	年份	0001～9999，例如 1970
%m	月份	01～12，例如 10
%B	月名	January～December，例如 April
%b	月名缩写	Jan～Dec，例如 Apr
%d	日期	01～31，例如 23
%A	星期	Monday～Sunday，例如 Wednesday
%a	星期缩写	Mon～Sun，例如 Wed
%H	小时(24 小时制)	00～23，例如 10
%I	小时(12 小时制)	01～12，例如 5
%p	上午/下午	AM,PM，例如 PM
%M	分钟	00～59，例如 22
%S	秒	00～59，例如 16

例如：

```
>>> time.strftime("%a, %d %b %Y %H:%M:%S +0000", time.gmtime())
'Tue, 30 Jul 2019 07:27:56 +0000'
```

(3) 使用 time.strptime(string[,format])提取字符串中的时间来生成 struct_time 对象，与 strftime()完全相反。例如：

```
>>> time.strptime('2019-7- 30 10:30:35',"%Y-%m-%d %H:%M:%S")
time.struct_time(tm_year = 2019, tm_mon = 7, tm_mday = 30, tm_hour = 10, tm_min
= 30, tm_sec = 35, tm_wday = 1, tm_yday = 211, tm_isdst = -1)
```

3. 计时

计时主要包括如下两个函数。

（1）使用 time.sleep(t) 函数推迟调用线程的运行，t 是指推迟执行的秒数。例如 time.sleep(5)表示推迟 5 秒钟调用线程。

（2）使用 time.perf_counter()返回系统运行的精准时间。

◆**例 5-4**　测试一下当前计算机运行某程序的速度。

【程序 5-4.py】

```
1  from time import *
2  d1 = perf_counter()   #返回计时器的精准时间(系统的运行时间)
3  for i in range(1,10000000+1):
4      pass
5  d2 = perf_counter()
6  print("程序运行时间是:{}秒".format(d2-d1))
```

【运行结果】

程序运行时间是:0.40451200419390826 秒

5.2.3　datetime 库

datetime 模块在支持日期和时间算法的同时，实现的重点放在更有效的处理和格式化输出。例如：

```
>>> from datetime import date
>>> now = date.today()
>>> now
datetime.date(2019, 7, 31)
>>> now.strftime("%m-%d-%y. %d %b %Y is a %A on the %d day of %B.")
'07-31-19. 31 Jul 2019 is a Wednesday on the 31 day of July.'
```

5.2.4　tkinter 库

tkinter 是 Python 中可用于构建 GUI(Graphical User Interface，图形化用户界面，也称为图形用户接口)的众多工具集之一。

1. tkinter 编程

由于 tkinter 是内置到 Python 的安装包中，只要安装好 Python 之后，就能导入 tkinter 库，而且 IDLE 也是用 tkinter 编写而成，对于简单的图形界面 tkinter 能应付自如。例如：

```
>>> from tkinter import *
>>> window = Tk()
>>> window.mainloop()
```

以上代码可以显示一个空白窗口。可以将其看成是应用程序的最外层容器,创建其他插件的时候就需要用到它。如果关闭屏幕上的窗口,则相应的窗口对象就会被销毁。所有的应用程序都只有一个主窗口;此外,还可以通过 TopLevel 小插件来创建其他的窗口。tkinter 的小插件包括 Button、Canvas、Checkbutton、Entry、Frame、Label、Listbox、Menu、Message、Menubutton、Text、TopLevel 等。

2. tkinter 组件

tkinter 的提供各种控件,如按钮、标签和文本框等,见表 5-4 所示。

表 5-4　tkinter 组件

控　件	描　述
Button	按钮控件,在程序中显示按钮
Canvas	画布控件,显示图形元素如线条或文本
Checkbutton	多选框控件,用于在程序中提供多项选择框
Entry	输入控件,用于显示简单的文本内容
Frame	框架控件,在屏幕上显示一个矩形区域,多用来作为容器
Label	标签控件,可以显示文本和位图
Listbox	列表框控件,Listbox 是用来显示一个字符串列表给用户的
Menubutton	菜单按钮控件,用于显示菜单项
Menu	菜单控件,显示菜单栏、下拉菜单和弹出菜单
Message	消息控件,用来显示多行文本,与 Label 类似
Radiobutton	单选按钮控件,显示一个单选的按钮状态
Scale	范围控件,显示一个数值刻度,用于输出限定范围的数字区间
Scrollbar	滚动条控件,当内容超过可视化区域时使用,如列表框
Text	文本控件,用于显示多行文本
Toplevel	容器控件,用来提供一个单独的对话框,与 Frame 类似
Spinbox	输入控件,与 Entry 类似,但它可以指定输入范围值
PanedWindow	窗口布局管理的插件,可以包含一个或者多个子控件
LabelFrame	简单的容器控件。常用于复杂的窗口布局
tkMessageBox	用于显示应用程序的消息框

3. 标准属性

标准属性也就是所有控件的共同属性,如大小、字体和颜色等,见表 5-5 所示。

表 5-5　标准属性

属　性	描　述
Dimension	控件大小

续表

属　　性	描　　述
Color	控件颜色
Font	控件字体
Anchor	锚点
Relief	控件样式
Bitmap	位图
Cursor	光标

4. 几何管理

tkinter 控件有特定的几何状态管理方法,管理整个控件的区域组织,包括三种几何管理方法:pack()(包装)、grid()(网格)和 place()(位置)。

pack()是三种布局管理中最常用的。另外两种布局需要精确指定控件具体的显示位置,而 pack()布局可以指定相对位置,精确的位置由 pack()系统自动完成。pack()几何管理采用块的方式组织配件,在快速生成界面设计中广泛采用,若干组件简单的布局,采用 pack()的代码量最少。pack()几何管理程序根据组件创建生成的顺序将组件添加到父组件中去。

grid()几何管理采用类似表格的结构组织配件,使用起来非常灵活,用其设计对话框和带有滚动条的窗体效果最好。grid()采用行列确定位置,行列交汇处为一个单元格。每一列中,列宽由这一列中最宽的单元格确定。每一行中,行高由这一行中最高的单元格决定。

place()布局管理可以显式地指定控件的绝对位置或相对于其他控件的位置。要使用 place()布局,调用相应控件的 place()方法就可以了。所有 tkinter 的标准控件都可以调用 place()方法。

例 5-5　从右向左布局按钮。

【程序 5-5.py】

```
1   from tkinter import *
2   root = Tk()                          #创建根窗口
3   bt1 = Button(text = "button1")       #创建按钮 1
4   bt1.pack(side = 'right')             #显示按钮 1,靠右
5   bt2 = Button(text = "button2")       #创建按钮 1
6   bt2.pack(side = 'top')               #显示按钮 2,置顶
```

【运行结果】　如图 5.1 所示。

例 5-6　通用消息对话框的使用。

【程序 5-6.py】

```
1   import tkinter
2   from tkinter import messagebox
```

图 5.1 从右向左布局按钮

```
3   def cmd():
4       global n
5       global buttontext
6       n += 1
7       if n == 1:
8           messagebox.askokcancel('Python Tkinter', '确定/取消')
9           buttontext.set('询问')
10      elif n == 2:
11          messagebox.askquestion('Python Tkinter', '询问')
12          buttontext.set('是/否')
13      elif n == 3:
14          messagebox.askyesno('Python Tkinter', '是/否')
15          buttontext.set('错误')
16      elif n == 4:
17          messagebox.showerror('Python Tkinter', '错误')
18          buttontext.set('显示消息')
19      elif n == 5:
20          messagebox.showinfo('Python Tkinter', '显示消息')
21          buttontext.set('警告')
22      else:
23          n = 0
24          messagebox.showwarning('Python Tkinter', '警告')
25          buttontext.set('确定/取消')
26  n = 0
27  root = tkinter.Tk()
28  buttontext = tkinter.StringVar()
29  buttontext.set('确定/取消')
30
    button = tkinter.Button(root, textvariable = buttontext, command = cmd)
31  button.pack()
32  root.mainloop()    #进入事件循环
```

【运行结果】 如图 5.2 所示。

例 5-7　创建一个与 Python 的 IDLE 相同的主菜单项,单击菜单,在交互窗口中显示"main menu"。

图 5.2　通用消息对话框的使用

【程序 5-7.py】

```
1    from tkinter import *
2    root = Tk()
3    root['width'] = 400
4    root['height'] = 200
5    #单击菜单项时的处理函数
6    def h1():
7        print('main menu')
8    menubar = Menu(root)          #创建主菜单
9    #添加菜单项,每项菜单的命令执行都是 h1
10   for item in ['File','Edit','Format','Run','Options',
11           'Windows','Help']:
12       menubar.add_command(label = item,command = h1)
13   #将 menubar 设置为 root 窗口的菜单(主菜单)
14   root['menu'] = menubar
15   root.mainloop()
```

【运行结果】　如图 5.3 所示。

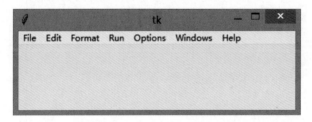

图 5.3　创建一个与 Python IDLE 相同的主菜单项

5.2.5　turtle 库

turtle 库(小写的 t)提供了一个称为 Turtle 的函数(大写的 T),是一个简单的 Python 绘图工具,也是其重要的标准库之一。

turtle 库提供了一个海龟,你可以把它理解为一个机器人,只听得懂有限的指令。绘制窗体的原点(0,0)在窗体正中央。默认情况下,海龟向正右方移动。

turtle 库包含 100 多个功能函数,主要包括自定义绘制窗体函数、画笔状态函数和画笔运动函数三类。

1. 自定义绘制窗体函数

语法格式如下:

```
turtle.setup(width,height[,startx,starty])
```

作用:在屏幕中生成一个窗体,这个窗口就是画布的范围。可以设置绘制窗体(画布)大小和在屏幕上的位置坐标。此函数也可以不设置,默认为屏幕,坐标系以左上角为原点(0,0)。

其中:

(1) width:窗体的宽度。如果其值是整数,表示是像素值;如果是小数,表示画布宽度与屏幕的比例。

(2) height:窗体的高度。如果其值是整数,表示是像素值;如果是小数,表示画布高度与屏幕的比例。

(3) startx:窗体距离屏幕左边边缘的像素距离。

(4) starty:窗体距离屏幕上边边缘的像素距离。

后两个参数 startx 和 starty 是可选项,如果不填写这两个参数,窗体会默认显示在屏幕的水平中央和垂直中央。

屏幕坐标系和自定义的画布坐标系如图 5.4 所示。

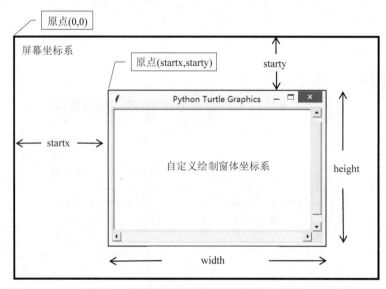

图 5.4   屏幕坐标系和自定义的画布坐标系

2. 画笔状态函数

画笔状态函数见表 5-6 所示。

表 5-6　画笔状态函数

函　数　名	描　　述
pendown() 别名：pd()或 down()	画笔落下，移动时开始绘制图形
penup() 别名：pu()或 up()	画笔抬起，移动时不绘制图形
pensize(width) 别名：width	设置画笔线条的粗细
pencolor(colorstring) 或 pencolor(r,g,b)	设置画笔的颜色，colorstring 表示颜色字符串，如 red、blue、(r,g,b)表示颜色对应的 RGB 值(0～1)，如 1、0.66、0.79
fillcolor(colorstring)	绘制图形的填充颜色
begin_fill()	准备开始填充图形
end_fill()	填充完成
filling()	返回填充状态，True 为填充，False 为未填充
clear()	清空当前画布，但不改变当前画笔位置和状态
reset()	清空当前画布，并恢复所有设置
screensize(w,h)	设置画布的长和宽
hideturtle()	隐藏画笔形状(箭头)
showturtle()	显示画笔形状(箭头)
isvisible()	判断当前海龟是否可见
write(s,font＝("font-name", font_size，"font_type"))	写文本，s 为文本内容，font 是字体的参数，其中分别为字体名称、大小和类型
exitonclick()	鼠标单击时退出

3. 画笔运动函数

画笔运动函数见表 5-7 所示。

表 5-7　画笔运动函数

函　数　名	描　　述
forward(d) 别名：fd(d)	向前移动距离 d
backward(d) 别名：bd(d)	向后移动距离 d
right(angle)	向右转动 angle 角度
left(angle)	向左转动 angle 角度
goto(x,y)	将画笔移动到坐标为(x,y)的位置
setx()	设置画笔的 x 坐标
sety()	设置画笔的 y 坐标

续表

函　数　名	描　　述
setheading(angle) 别名：seth(angle)	设置当前海龟的行进方向为 angle 角度
home()	将位置和方向恢复到初始状态,初始坐标为(0,0),方向初始为向右
circle(radius,[angle,step])	绘制一个弧形。其中: radius 为弧形半径,当值为正数时,半径在海龟左侧;当值为负数时,半径在海龟右侧 angle 为圆的角度,缺省时绘制一个圆形;若 angle 为 180,则绘制一个半圆 step 是所需的边数,计算机并不是用连续可导的线来绘制的,是用一段段小线段拼接在一起的。比如,step = 100 则表示用 100 个线段来绘制
dot(r,color)	绘制一个半径为 r、颜色为 color 的圆点
undo()	撤销上一个 turtle 动作
speed(speed)	设置画笔绘制的速度(范围在[0,10]间的整数)

例 5-8　绘制一个边长为 60 的等边三角形。

【程序 5-8.py】

```
1   import turtle
2   a = 60
3   for i in range(3):
4       turtle.forward(a)
5       turtle.left(120)
```

【运行结果】　如图 5.5 所示。

例 5-9　多个圆形的美丽聚合。

【程序 5-9.py】

```
1    from turtle import *
2    reset()
3    speed('fast')
4    IN_TIMES = 40
5    TIMES = 20
6    for i in range(TIMES):
7        right(360/TIMES)
8        forward(200/TIMES)
9        for j in range(IN_TIMES):
10           right(360/IN_TIMES)
11           forward (400/IN_TIMES)
12   write(" Click me to exit", font = ("Courier", 12, "bold") )
13   exitonclick()
```

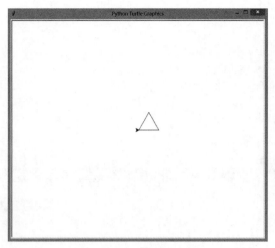

图 5.5 例 5-8 的运行结果

【运行结果】 如图 5.6 所示。

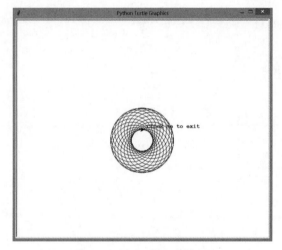

图 5.6 例 5-9 的运行结果

例 5-10 绘制蟒蛇轨迹。

【程序 5-10.py】

```
1    import turtle
2    def drawSnake(rad,angle,len,neckrad):        #绘制蟒蛇函数
3        for i in range(len):
4            turtle.circle(rad,angle)              #圆形轨迹函数
5            turtle.circle(-rad,angle)             #rad为负值,半径在乌龟右侧
6            turtle.circle(rad,angle/2)            #angle表示爬行的弧度值
7            turtle.forward(rad)                   #表示轨迹直线移动
8            turtle.circle(neckrad+1,180)
```

9	turtle.fd(rad * 2/3)
10	def main():
11	turtle.setup(1300,800,0,0)
12	turtle.pensize(30)
13	turtle.pencolor("blue")
14	turtle.seth(-40) #运动方向,参数为角
15	drawSnake(40,80,5,30/2)

【运行结果】 如图 5.7 所示。

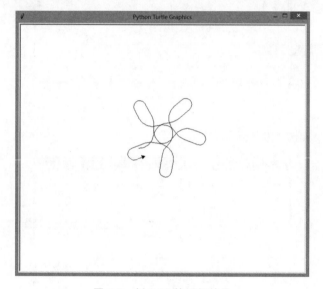

图 5.7 例 5-10 的运行结果

5.2.6 其他

1. glob 库

glob 库用于从指定的目录中搜索文件列表。与使用 Windows 下的文件搜索差不多,星号(＊)匹配零个或多个字符;问号(?)匹配任何单个的字符;方括号([])匹配指定范围内的字符,如[0-9]表示匹配数字。例如:

```
>>> import glob
>>> glob.glob('f:\eg\＊.py')
['f:\\eg\\01+input.py', 'f:\\eg\\01.py', 'f:\\eg\\02.py', 'f:\\eg\\03.py', 'f:
\\eg\\04.py', ……]
```

又如:

```
>>> glob.glob('d:\＊.doc')
['d:\\f1.doc', 'd:\\syg.doc']
```

2. os 库

os 库提供了不少与操作系统相关联的函数。

```
>>> import os
>>> os.getcwd()          #返回当前的工作目录
'C:\\Python35'
```

建议使用 "import os" 风格而非 "from os import ＊"，这样可以保证随操作系统不同而有所变化的 os.open() 不会覆盖内置函数 open()。

3. sys 库

sys 库提供了一系列有关 Python 运行环境的变量和函数。

4. MySQLdb 库

MySQLdb 库是用于 Python 连接 MySQL 的模块。MySQL 是一个小型的关系数据库管理系统，被广泛地应用在 Internet 的中小型网站中。

5. sh 库

sh 库可以让用户像执行函数一样执行 Shell 终端命令，可以方便地调用系统中的命令，也可以调用任何程序。

6. cx_Freeze 库

cx_Freeze 库是一组脚本和模块，是用来把 Python 脚本封装成跨平台的可执行程序的打包工具。

7. 数据压缩库

zlib、gzip、bz2、zipfile 和 tarfile 模块直接支持通用的数据打包和压缩格式。例如：

```
>>> import zlib
>>> s = b'witch which has which witches wrist watch'
>>> len(s)
41
>>> t = zlib.compress(s)
>>> len(t)
37
```

8. 性能度量模块

有些用户对了解解决同一问题的不同方法之间的性能差异很感兴趣。Python 提供了度量工具，为这些问题提供了直接答案。

例如，使用元组封装和拆封来交换元素，看起来要比使用传统的方法要诱人得多，timeit 证明了现代的方法更快一些。

```
>>> from timeit import Timer
>>> Timer('t = a; a = b; b = t', 'a = 1; b = 2').timeit()  #使用传统方法
0.21531154825417614
>>> Timer('a,b = b,a', 'a = 1; b = 2').timeit()            #使用元组封装和拆封
0.1485371809951559
```

5.3 Python 第三方库

5.3.1 Python 第三方库分类简介

Python 拥有庞大的第三方库,而且这些库每天都在以迅猛的速度增加,大幅度地提高了各行各业软件的开发速度。这里对其分类做一下介绍。

1. 科学计算与数据分析类

Python 在数据分析方面具有很强的优势,能够提供大量的第三方库。这里介绍常用的几种。

(1) NumPy 库。NumPy 是基于 Python 的科学计算第三方库,提供了矩阵、线性代数、傅里叶变换等的解决方案,是大量 Python 数学和科学计算包的基础。有关 NumPy 库的更多介绍请访问 http://www.numpy.org/。

(2) SciPy 库。SciPy 是世界上著名的 Python 开源科学计算库,是一个集成了多种数学算法和函数的高级科学计算库,有很多子模块可以应对不同的应用,例如插值运算、优化算法等。SciPy 是在 NumPy 的基础上构建的更为强大、应用领域也更为广泛的科学计算包,在 NumPy 库的基础上增加了众多的数学、科学以及工程计算中常用的库函数,例如线性代数、常微分方程数值求解、信号处理、图像处理、稀疏矩阵等。它需要依赖 NumPy 的支持进行安装和运行。有关 SciPy 库的更多介绍请访问 https://www.scipy.org/。

(3) Pandas 库。Pandas 是 Python 重要且高效的数据分析和处理库。Pandas 是一个强大的分析结构化数据的工具集,它的使用基础是 NumPy,在数据清洗、数据挖掘和数据分析方面功能强大。有关 Pandas 库的更多介绍请访问 http://pandas.pydata.org/。

2. 网络爬虫类

网络爬虫(又称为网页蜘蛛、网络机器人),是一种按照一定的规则、自动地抓取万维网信息的程序或者脚本。网络爬虫是一个自动提取网页的程序,它为搜索引擎从万维网上下载网页,是搜索引擎的重要组成。

(1) Requests 库。Requests 是一个简洁且简单处理 HTTP 请求的第三方函数库,需要通过 pip 命令安装,其最大优点是程序编写过程更接近正常的 URL 访问过程。有关 Requests 库的更多介绍请访问 http://www.python-requests.org/。

(2) Scrapy 库。Scrapy 是一个开源和协作的框架,最初是为了页面抓取所设计的,使用它可以以快速、简单、可扩展的方式从网站中提取所需的数据。目前 Scrapy 的用途十分广泛,可用于如数据挖掘、网络监测和自动化测试等领域。有关 Scrapy 库的更多介绍请访问 http://scrapy.org/。

3. 文本处理类

(1) PDFMiner。PDFMiner 是一种从 PDF 文档中提取信息的工具。它允许人们获取页面中的文本的确切位置,以及字体或线条等其他信息;它包括一个 PDF 转换器,可以将 PDF 文件转换为其他文本格式(如 HTML);具有可扩展的 PDF 解析器,还可用于除文本分析之外的其他目的。有关 PDFMiner 库的更多介绍请访问 https://euske.github.io/PDFMiner/。

(2) openpyxl 库。openpyxl 是一个用于读写 Excel 的 xlsx、xls、xlsm、xltx、xltm 等格式文件的 Python 库,其功能非常强大。有关 openpyxl 库的更多介绍请访问 https://openpyxl.readthedocs.io。

(3) python-docx 库。python-docx 是一个用于创建和更新微软 Word 文件的 Python 库,可以用来创建 Word 文档,以及实现段落、分页符、表格、图片、标题、样式等几乎所有的 Word 常用编辑功能。有关 python-docx 库的更多介绍请访问 https://pypi.python.org/pypi/python-docx。

(4) BeautifulSoup。BeautifulSoup 将 HTML 和 XML 解析为树结构,以便于从中查找和提取数据,轻松处理网站数据。

4. 数据可视化类

(1) Matplotlib。Matplotlib 是用 Python 实现的类 MATLAB(MATLAB 和 Mathematica、Maple 并称为三大数学软件,在数学类科技应用软件中在数值计算方面首屈一指)的第三方库,用以绘制一些高质量的数学二维图形。有关 Matplotlib 的更多介绍请访问 http://matplotlib.org/。

(2) TVTK 库。TVTK 库是在标准 VTK 库(Visualzation Toolkit,即视觉工具函数库,一个开源、跨平台、支持平行处理的图形应用函数库)之上、用 Traits 库进行封装的 Python 第三方库。有关 TVTK 的更多介绍请访问 http://docs.enthought.com/mayavi/tvtk/。

(3) mayavi。mayavi 基于 VTK 开发,完全用 Python 编写,提供了一个方便实用的可视化软件,可以简洁地嵌入到用户编写的 Python 程序中,或者直接使用其面向脚本的 API 快速绘制三维可视化图形。有关 mayavi 的更多介绍请访问 http://docs.enthought.com/mayavi/mayavi/。

5. 用户图形界面类

(1) PyQt5 库。PyQt5 是 Qt5 应用框架的 Python 第三方库,它有超过 620 个类和近 6000 个函数和方法,是 Python 中最为成熟的商业级 GUI 第三方库,可以在 Windows、Linux 和 macOS 等操作系统上跨平台使用。有关 PyQt5 的更多介绍请访问 https://www.riverbankcomputing.com/software/pyqt/。

(2) wxPython 库。wxPython 是 Python 的一套优秀的 GUI 图形库,是跨平台 GUI 库 wxWidgets 的 Python 封装,可以使程序员轻松地创建健壮可靠、功能强大的图形用户界面。有关 wxPython 的更多介绍请访问 https://www.wxPython.org/。

(3) PyGTK。PyGTK 是基于 GTK+ 的 Pythony 语言封装,提供了各种可视元素和功能,能够轻松创建具有图形用户界面的程序,可以在 Windows、Linux 和 macOS 等操作系统上跨平台使用。有关 PyGTK 的更多介绍请访问 http://www.PyGTK.org/。

6. 机器学习类

(1) scikit-learn。scikit-learn 也称为 sklearn,是一个简单且高效的数据挖掘和数据

分析工具,是 Python 语言中专门针对机器学习应用而发展起来的一款开源框架,其基本功能包括分类、回归、聚类、数据降维、模型选择和数据预处理等。有关 scikit-learn 的更多介绍请访问 http://www.scikit-learn.org/。

（2）TensorFlow。TensorFlow 是谷歌公司研发的第二代人工智能学习系统,是用来支撑著名的 AlphaGo 系统的后台框架,其应用十分广泛,从语音识别、图像识别、机器翻译到自主跟踪等,既可以运行在数万台服务器的数据中心,也可以运行在智能手机或嵌入式设备中。有关 TensorFlow 的更多介绍请访问 http://www.TensorFlow.org/。

（3）Theano。Theano 是为执行深度学习中大规模神经网络算法的运算而设计的,擅长处理多维数组,可以把它理解成一个运算数学表达式的编辑器,可以高效运行在 GPU 或 CPU 上。有关 Theano 的更多介绍请访问 http://deeplearning.net/software/Theano/。

7. Web 开发类

（1）Django。Django 是目前最流行的开放源代码的 Web 应用框架,是用 Python 编写而成的,采用 MVC(Model-View-Controller,模型-视图-控制器)的软件设计模式。有关 Django 的更多介绍请访问 http://www.djangoproject.com/。

（2）Pyramid。相比 Django,Pyramid 是一个相对小巧、快速灵活的通用开源的 Python Web 应用程序开发框架。有关 Pyramid 的更多介绍请访问 http://www.trypyramid.com/。

（3）Flask。相比 Django 和 Pyramid,Flask 是轻量级 Web 应用框架,也称为微框架。使用 Flask 开发 Web 应用十分方便,几行代码即可建立一个小型网站。有关 Flask 的更多介绍请访问 http://flask.pocoo.org/。

8. 游戏开发类

（1）pygame 库。pygame 是基于 Python 的多媒体开发和游戏软件开发模块,提供了大量与游戏和多媒体相关的底层逻辑和功能支持,是面向游戏和多媒体开发入门级的 Python 第三方库。有关 pygame 的更多介绍请访问 https://www.pygame.org/。

（2）panda3d 库。panda3d 是一个开源跨平台的 3D 渲染和游戏开发库。有关 panda3d 的更多介绍请访问 http://www.panda3d.org/。

（3）cocos2d。cocos2d 是一个构建 2D 游戏和图形界面交互式应用的框架。有关 cocos2d 的更多介绍请访问 http://python.cocos2d.org/。

9. 其他

（1）PIL 库。PIL 是具有强大图像处理的第三方函数库,它不仅包含了丰富的像素、色彩操作功能,还可以用于图像归档和批量处理。有关 PIL 的更多介绍请访问 http://pillow.readthedocs.io。

（2）NLTK 库。NLTK 是一个强大的自然语言处理 Python 第三方库,支持多种语言,尤其对中文支持良好,可以进行语料处理、文本统计、内容理解、情感分析等多种应用。有关 NLTK 的更多介绍请访问 http://www.NLTK.org。

（3）WeRoBot。WeRoBot 是一个微信公众号开发框架,也称为微信机器人框架,可以解析微信服务器发来的消息。有关 WeRoBot 的更多介绍请访问 http://werobot.

readthedocs.io。

（4）MyQR。MyQR 是一个能够生成基本二维码、艺术二维码和动态效果二维码的 Python 第三方库。有关 MyQR 的更多介绍请访问 http://github.com/sylnsfar/qrcode。

（5）itchat 库。itchat 是一个操作微信的第三方库。通过这个库的几行代码就可以实现直接登录微信、自动添加好友、自定义给微信好友回复内容、给好友发送图片文本视频等聊天内容，实现参与群聊、采集微信好友的资料等。

5.3.2　Python 第三方库的安装

Python 官方提供的安装包只包含了内置模块和标准库，第三方库（或称扩展库）需要下载后安装，成功安装之后，第三方库文件会存放在到 Python 的安装路径的 lib\site-packages 文件夹中。

1. 安装和管理 Python 第三方库的工具 pip

目前安装 Python 扩展库的主流方法是使用安装和管理 Python 扩展库的工具 pip。在 Windows 命令提示符环境下，可以使用 pip 来完成扩展库的安装、升级和卸载。在命令提示符输入 pip help 命令，就可以看到所有 pip 命令及命令选项，如图 5.8 所示。

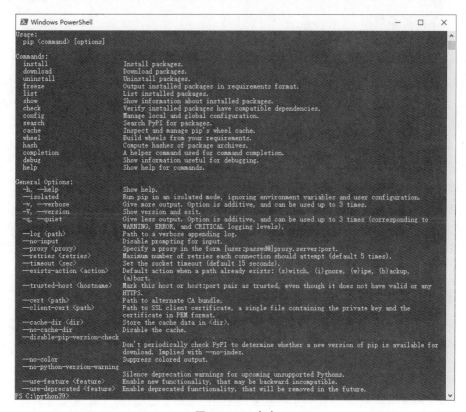

图 5.8　pip 命令

其中常用的 pip 命令使用方法见表 5-8 所示。

表 5-8 常用的 pip 命令使用方法

pip 命令	说　　明
pip install 模块名	安装模块。例如，pip install datetime
pip list	列出当前已安装的所有模块
pip install --upgrade 模块名	升级模块
pip uninstall 模块名	卸载模块
pip show 模块名	显示模块所在目录及信息

> **注意**：使用 pip 命令安装 Python 扩展库，需要在命令提示符环境中进行，而且需要切换到 pip 命令所在的目录，可以在"资源管理器"或"计算机"中找到并进入 Python 安装文件夹中的 scripts 文件夹，然后按住 Shift 键，再右击空白处，选择"在此处打开命令窗口"，直接进入命令提示符环境。如果不知道 Python 安装到什么地方了，可以从"开始"菜单依次展开到 Python 启动程序的快捷方式，然后右击，在弹出的快捷菜单中选择"属性"，在"属性"窗口中选择"打开文件位置"按钮，就可以直接进入 Python 安装文件夹。

2. 常见问题和解决方法

（1）在线安装失败。

在线安装失败可能的原因有：网络不好导致下载失败；本地安装，有正确版本的 VC++ 编译环境；扩展库暂时还不支持目前使用的 Python 版本。对于后两种错误可以下载.whl 文件进行安装。

Windows 平台的下载地址是：https://www.lfd.uci.edu/~gohlke/pythonlibs/，这里有海量的第三方编译好的.whl 格式扩展库安装文件，在原始页面按 Ctrl＋F 组合键，打开搜索栏，输入名称（比如 wordcloud），可以快速定位到你想要下载的文件。

然后选择正确的版本，文件名中有 cp39 表示适用于 Python 3.9，cp38 表示适用于 Python 3.8，以此类推；文件名中有 win32 表示适用于 32 位 Python，有 win_amd64 表示适用于 64 位 Python，而且不要修改下载的文件名。

再在命令提示符环境中使用 pip 命令进行离线安装，指定文件的完整路径和扩展名。例如：

```
pip install wordcloud-1.7.0-cp39-cp39-win_amd64.whl
```

（2）安装路径带来的问题。

有时会遇到这样的问题，使用 pip 安装扩展库时，明明提示安装成功，使用 pip list 查看扩展库清单里也有，但在 Python 开发环境中却一直提示扩展库不存在。出现这样的问题，基本上是由于安装路径和使用路径不一致造成的。

> **注意**：如果计算机上安装了多个版本的 Python 开发环境，那么在一个版本下安装的扩展库，无法在另一个版本中使用。为了避免因为路径问题带来的困扰，建议在命令提示符或 PowerShell 环境中切换至相应版本 Python 安装目录的 scripts 文件夹

中，然后再执行 pip 命令。简单地说，就是想在哪个版本的 Python 中使用扩展库，就到哪个版本的 Python 安装路径的 scripts 文件夹中安装扩展库，这样可以最大程度地减少错误。

（3）扩展库自身 Bug 或版本冲突带来的问题。

某些扩展库在升级过程中引入了新的错误，导致某些功能在旧版本中工作正常，但在新版本中却无法使用。如果遇到类似的情况，可以查询一下扩展库官方网站的最新消息，或者暂时还原到较低的版本。

5.3.3　PyInstaller 库

PyInstaller 库是将 Python 语言脚本（.py）打包成可执行文件的第三方库，可以用于Windows、Linux、macOS 等操作系统。有关 PyInstaller 库的更多介绍请访问 http://www.pyinstaller.org/。

1. 安装

PyInstaller 库需要在命令行下通过 pip 命令来安装，命令如下：

```
:>pip install PyInstaller
```

2. 使用 PyInstaller 库对 Python 源程序文件打包

使用 PyInstaller 库对 Python 源程序文件打包方法的语法格式如下：

```
:>PyInstaller [命令参数] <Python 源程序文件名>
```

其中，PyInstaller 的常用命令参数见表 5-9。

表 5-9　PyInstaller 的常用命令参数

命令参数	作　用
-F，--onefile	在 dist 文件夹中只生成独立的打包文件
-i<图标文件名.ico>	指定打包程序使用的图标文件名
--clean	清理打包过程中的临时文件
-D，--onedir	默认值，生成 dist 文件夹
-h，--help	查看帮助

执行完毕后，在源文件所在目录中将生成 dist 和 build 两个文件夹，其中 build 是存储临时文件的文件夹，可以安全删除，最终的打包程序在 dist 内部与源文件同名的文件夹中，文件夹中的其他文件是可执行文件的动态连接库。例如：

```
:>PyInstaller abc.ico -F abc.py
```

此命令的作用是在 dist 文件夹中只生成独立的打包文件，且图标为 abc.ico。

5.4　自定义函数

5.4.1　函数的定义

1. 函数定义的一般语法格式

定义一个函数的一般语法格式为：

```
def 函数名([形式参数表]):
    <函数体>
```

参数说明：

（1）函数名不应当与内置函数或变量重名，不能以数字开头。

（2）形式参数表：是用逗号分隔开的多个参数，也可以省略。

（3）函数体内所有语句相对于 def 关键字必须保持一定的空格缩进。

（4）可以使用 return[返回值列表]在退出函数时返回多个值。此语句一旦执行，表示函数运行结束，并返回到调用此函数的程序段中。如果没有 return 语句，函数执行完毕后默认返回 None。不带参数值的 return 语句也会返回 None。

例 5-11　编写函数求出区间[i,j]内所有整数的和。

【程序 5-11.py】

```
1   def mySum( i, j ):                        #定义函数
2       s = 0
3       for k in range(i,j+1):
4           s = s + k
5       return s
6   x = eval(input("请输入 x:"))
7   y = eval(input("请输入 y:"))
8   print(mySum(x,y))                         #调用函数
```

【运行结果】

```
请输入 x:1
请输入 y:3
6
```

在 Python 中，函数的 return 语句可以返回多个值。比如在例 5-12 中，函数返回了两个值，这是许多高级语言不具备的功能。

例 5-12　编写函数，计算三门课程的成绩总和与平均成绩。

【程序 5-12.py】

```
1   def calc_grade(course1,course2,course3):
```

2	`    Sum = course1+course2+course3`
3	`    Avg = Sum/3`
4	`    return Sum, Avg`
5	`c1 = eval(input("请输入第 1 门课程成绩:"))`
6	`c2 = eval(input("请输入第 2 门课程成绩:"))`
7	`c3 = eval(input("请输入第 3 门课程成绩:"))`
8	`s,a = calc_grade( c1, c2, c3)`
9	`print('成绩总和:',"{0:.1f}".format(s))`
10	`print('平均成绩:', "{0:.1f}".format(a))`

【运行结果】

```
请输入第 1 门课程成绩:90
请输入第 2 门课程成绩:80
请输入第 3 门课程成绩:75.5
成绩总和: 245.5
平均成绩: 81.8
```

例 5-13　编写函数,求两个数的最小公倍数(Least Common Multiple,LCM)。

问题分析:求最小公倍数有很多方法,比如,两数的乘积除以两数的最大公约数法就是它们的最小公倍数。

本例使用的是扩大法。

方法 1 的思想是:把两个数中的较大数依次加 1,看扩大到哪个数时能够同时是两个数的倍数时,这个数就是最小公倍数。

方法 2 的思想是:把两个数中的较大数依次扩大 2 倍、3 倍、……,看扩大到哪个数时能够成为较小数的倍数时,这个数就是这两个数的最小公倍数。例如,求 18 和 30 的最小公倍数,把 30 扩大 2 倍得 60,60 不是 18 的倍数;再把 30 扩大 3 倍得 90,90 是 18 的倍数,那么 90 就是 18 和 30 的最小公倍数。

读者可以考虑采用更多的方法来解决此问题。

【程序 5-13.py】

1	`#方法 1`
2	`def LCM(x, y):`
3	`    m = max(x,y)`
4	`    while(True):`
5	`        if m%x == 0  and m%y == 0 :`
6	`            LCM = m`
7	`            break`
8	`        m += 1`
9	`    return LCM`
10	
11	`a = eval(input("输入第一个数字: "))`
12	`b = eval(input("输入第二个数字: "))`
13	`print( a,"和",b,"的最小公倍数为:",LCM(a,b))`

```
14
15   #方法 2
16   def LCM(x, y):
17       if x<y:
18           x,y = y,x        #使得 x>=y
19       m = max(x,y)
20       i = 2
21       while(True):
22           if m%y == 0:
23               LCM = m
24               break
25           m = x * i
26           i = i+1
27       return LCM
28
29   a = eval(input("输入第一个数字："))
30   b = eval(input("输入第二个数字："))
31   print(a,"和", b,"的最小公倍数为", LCM(a,b))
```

【运行结果】

```
输入第一个数字：12
输入第二个数字：3
12 和 3 的最小公倍数为：12
输入第一个数字：24
输入第二个数字：16
24 和 16 的最小公倍数为 48
```

2. lambda 表达式

lambda 表达式常用来声明匿名函数，也就是没有函数名字的临时使用的函数。lambda 表达式只可以包含一个表达式，不允许包含其他复杂的语句，但在表达式中可以调用其他函数，并支持默认值参数和关键参数，该表达式的计算结果相当于函数的返回值。

定义 lambda 表达式的一般语法格式为：

```
函数名 = lambda [参数 1 [,参数 2,......, 参数 n]]:表达式
```

作用：返回表达式的值。lambda 表达式拥有自己的命名空间，且不能访问参数列表之外或全局命名空间里的参数。

（1）把 lambda 表达式当作函数使用。

```
>>> g = lambda x,y,z:x+y+z
>>> print(g(1,2,3))
6
```

（2）在 lambda 表达式中使用带有默认值的参数。

```
>>> g = lambda x,y = 2,z = 3:x+y+z
```

```
>>> print(g(1))
6
```

（3）lambda 表达式也可以作为函数参数。

```
>>> print((lambda x,y:x+y)(1,2))
3
```

（4）在 lambda 表达式中调用函数。

```
>>> def f(x) :
        return x ** 2
>>> list(map(lambda x:f(x), [1,2,3,4,5]) ) [1, 4, 9, 16, 25]
```

> 🔔 **说明**：map()函数的作用是，接收一个函数 f 和一个列表，并通过把函数 f 依次作用在列表的每个元素上，得到一个新的列表并返回。

5.4.2　函数的调用

1. 函数调用的语法格式

函数调用的一般语法格式为：

函数名([实际参数表])

定义函数时使用的参数，因为其值不确定，因此称为形式参数，简称为形参，也可以称为虚参；调用函数时使用的参数，因为其值已确定，因此称为实际参数，简称为实参。

2. 函数出现的位置

函数被调用时，其出现的位置主要有以下三种。

（1）函数作为单独的语句出现。

◁**例** 5-14　函数作为单独的语句出现。

【程序 5-14.py】

```
1  def printme(str):
2      print(str)
3      return
4  printme("我在调用用户自定义函数!")
```

【运行结果】

我在调用用户自定义函数!

（2）函数出现在表达式中。

比如，例 5-12 中的"s,a = calc_grade(c1, c2, c3) "。

（3）作为实参出现在其他函数中。

比如，例 5-11 中的"print(mySum(x,y)) "。

> 💬 **朴言素语**
>
> 　　在中小规模软件项目中最常用的编程方式之一就是函数式编程,其主要思想是把程序过程尽量写成一系列函数调用,这能够使代码编写更简洁,更易于理解。函数模块就像一个个用来存放积木的收纳箱,每个箱子里放着很多积木(函数或类),选择合适的积木就可以搭建自己的作品(程序或软件),每一块积木都在为一件件的程序和软件作品做出自己的贡献;同样,我们作为社会的一份子,也应努力为社会的发展添砖加瓦,体现人生的价值。

5.4.3　函数的参数传递

　　函数定义时,函数名后面圆括号内是用逗号分隔开的形式参数列表,形式参数列表可以省略。如果没有形式参数列表,定义和调用函数时一对圆括号也必不可少,这表示是一个函数但是不接收任何参数。如果定义了带有形式参数列表的函数,调用函数时向其传递实际参数,根据不同的参数类型,将实际参数的值或引用传递给形式参数。

　　定义函数时使用的参数称形参或虚参;调用函数时使用的参数称实参。所以函数的参数传递过程可以认为是一个"虚实结合"的过程。

　　调用函数时可使用的参数类型,分别对应不同的参数传递方式:

　　(1) 使用默认值参数。

　　(2) 使用关键字参数(按关键字传递)。

　　(3) 使用可变长度的参数。

　　(4) 使用可迭代对象作为实际参数。

　　1. 使用默认值参数

　　在定义函数时,Python 支持默认值参数,即在定义函数时为形式参数设置默认值。在调用带有默认值参数的函数时,可以不用为设置了默认值的形式参数进行传值,此时函数将直接使用函数定义时所设置的默认值,也可以通过实际参数传过来的值替换其默认值。也就是说,在调用函数时,是否为默认值参数传递实参是可选的,具有较大的灵活性。

　　◁ **例 5-15**　使用默认值参数。

　　【程序 5-15.py】

```
1   def say( message, times = 1 ):      #设置形式参数 times 的默认值为 1
2       print(message * times)
3   say('hello')                        #直接使用函数定义时的默认值 1
4   say('hello',6)                      #将实际参数 6 的值传递给 times
```

　　【运行结果】

```
hello
hellohellohellohellohellohello
```

💡 **注意**：没有 return 语句时，仅表示函数执行了一段代码功能，无返回值。

◀ **例 5-16**　在屏幕上输出 m 行 n 列由某种符号构成的空心矩形。

【程序 5-16.py】

```
1    def drawRect( m, n = 5, char = ' * ' ):      #设置 n 和 char 的默认值分别为 5 和'*'
2        for i in range(0,n):
3            print(char,end = "")
4        print()
5        for i in range(1,m-1):
6            print(char,end = "")
7            for j in range(1,n-1):
8                print(' ',end = "")
9            print(char)
10       for i in range(0,n):
11           print(char,end = "")
12       print()
13   def main():
14       drawRect(3)                             #n 和 char 直接使用函数定义时的默认值
15       drawRect(n = 8,m = 3,char = '@')        #使用实际参数传递的值
16       row = int(input("请输入矩形行数:"))
17       col = int(input("请输入矩形列数:"))
18       drawRect(row,col,'&')                   #使用实际参数传递的值
19   main()
```

【运行结果】

```
*****
*   *
*****
@@@@@@@@
@      @
@@@@@@@@
请输入矩形行数:5
请输入矩形列数:9
&&&&&&&&&
&       &
&       &
&       &
&&&&&&&&&
```

💡 **注意**：在定义函数时，如果某个形式参数指定了默认值，则这个参数后的所有参数都必须指定默认值，即一定是必选参数在前，默认值参数在后，否则 Python 的解释器

会报错。另外,当函数有多个参数时,把变化大的参数放前面,变化小的参数放后面。变化小的参数就可以作为默认参数。

比如,下面语句是正确的:

```
def f(a1,a2 = 2,a3 = 3)
```

而下面语句是错误的:

```
def f(a1,a2 = 2,a3)
```

2. 使用关键字参数(按关键字传递)

关键字参数主要是指调用函数时的参数传递方式,与函数定义无关。通过关键字参数可以按参数名字传递值,实参顺序可以和形参顺序不一致,但不影响参数值的传递结果,避免了用户需要牢记参数位置和顺序的麻烦,使得函数的调用和参数传递更加灵活方便。

例 5-17 使用关键字参数。

【程序 5-17.py】

```
1   def demo(a,b,c = 5):
2       print(a,b,c)
3   demo(3,8)                #按顺序传递参数值 a = 3,b = 8,c 使用默认值 5
4   demo(a = 3,b = 5,c = 6)  #按照关键字传递参数值
5   demo(c = 8,a = 9,b = 10) #按照关键字传递参数值
```

【运行结果】

```
3 8 5
3 5 6
9 10 8
```

3. 使用可变长度的参数

可变长度参数传递是指传入的参数个数是可变的,可以是 0 个或任意多个。可变长度参数在定义函数时主要有两种形式。

(1)在参数前面使用标识符"＊":用来接收任意多个实参,并以元组的形式输出。这种带"＊"的参数也可以与其他普通参数联合使用,同时出现在形参列表中。但是在定义函数时,如果使用普通参数与可变长度参数组合,通常将可变长度参数放在形参列表的最后。

(2)在参数前面使用标识符"＊＊":用来接收多个关键字参数,并以字典形式输出。

例 5-18 形式参数前面使用"＊"。

【程序 5-18.py】

```
1   def demo(＊pa):       #表示形参 pa 以元组类型接收多个参数
2       print(pa)
```

```
3    demo(1,2,3)
4    demo(4,5)
```

【运行结果】

```
(1, 2, 3)
(4,5)
```

在这个例子中,参数 pa 的前面有一个"＊",表明形参 pa 可以接收多个参数,并转换为元组。

◁例 5-19　形式参数前面使用"＊＊"。

【程序 5-19.py】

```
1    def demo(**pa):        #pa 前面带"**",表示 pa 以字典类型接收多个参数
2        print(pa)
3    demo(x = 1,y = 2,z = 3)
4    demo(m = 4,n = 5)
```

【运行结果】

```
{'x': 1, 'y': 2, 'z': 3}
{''m' = 4,'n':5}
```

4. 使用可迭代对象作为实际参数

调用含有多个参数的函数时,Python 可以使用列表、元组、集合、字典以及其他可迭代对象作为实参,并在实参名称前面加一个"＊",Python 解释器将自动进行解包,然后分别传递给多个形参。

◁例 5-20　使用可迭代对象作为实际参数。

【程序 5-20.py】

```
1    def demo(a,b,c):
2        print(a+b+c)
3    s = [1,2,3]                #列表
4    demo(＊s)
5    t = (1,2,3)                #元组
6    demo(＊t)
7    d = {1:'a',2:'b',3:'c'}    #字典
8    demo(＊d)
9    s = {1,2,3}                #集合
10   demo(＊s)
```

【运行结果】

```
6
6
6
6
```

5.4.4　变量的作用域

变量起作用的代码范围称为变量的作用域。变量的作用域决定了在哪一部分的程序可以访问哪个特定的变量。一个程序中所有的变量并不是在哪个位置都可以访问的。访问权限决定于这个变量是在哪里赋值的。不同作用域内同名变量之间互不影响。一个变量在函数外部定义和在函数内部定义，其作用域是不同的。两种最基本的变量作用域是局部变量和全局变量。

1. 局部变量

局部变量是指在函数内部定义的变量，仅在函数内部有效，局部变量将在函数运行结束之后自动删除。

2. 全局变量

全局变量是指在函数之外定义的变量，在程序执行全过程有效。

◇**例 5-21**　混合使用局部变量和全局变量。

【程序 5-21.py】

1	g = 5	#全局变量 g
2	def myadd():	
3	c = 3	#局部变量 c 将在函数运行结束之后自动删除
4	return g+c	
5	print(myadd())	
6	print(g)	
7	print(c)	

【运行结果】

```
8
5
Traceback (most recent call last):
  File "5-24.py", line 7, in <module>
    print(c)
NameError: name 'c' is not defined
```

本例中，g 和 myadd 都是全局的，c 是局部的，只能在函数中使用，函数运行结束之后自动删除，因此运行 print(c)语句时出现错误。

3. 全局变量和局部变量使用注意事项

以下几种情况在使用全局变量和局部变量时需要注意。

（1）如果全局变量和函数中的局部变量重名，则在函数中只有局部变量起作用。在函数外，全局变量还正常起作用。

◇**例 5-22**　全局变量和局部变量重名。

【程序 5-22.py】

1	g = 5	#全局变量 g

2	def test():	
3	g = 3	#局部变量 g
4	print(g)	#此时局部变量 g 起作用,函数调用结束后局部变量 g 被删除
5	test()	
6	print(g)	#此时全局变量 g 起作用

【运行结果】

```
3
5
```

(2) 在函数内部可以通过 global 关键字来声明全局变量。

💡 **注意**：在函数内部的变量定义,除非特别地声明为全局变量,否则均默认为局部变量。

◆ **例 5-23**　在函数内部用 global 声明全局变量,否则默认为下一句的 g 变量为局部变量,而出现变量未定义的错误。

【程序 5-23.py】

1	g = 5	#全局变量 g
2	def test():	
3	global g	#使用 global 声明
4	g = g+1	
5	return g	
6	print(test())	
7	print(g)	

【运行结果】

```
6
6
```

◆ **例 5-24**　在函数内声明和定义全局变量。

【程序 5-24.py】

1	def test():	
2	global g	#使用 global 声明全局变量 g
3	g = 2	
4	print('g = ',g)	
5	test()	
6	print('g = ',g)	

【运行结果】

```
g = 2
g = 2
```

> 💡 **注意**：一般而言，局部变量的引用比全局变量速度快，因此应优先考虑使用局部变量；应尽量避免过多地使用全局变量，因为全局变量会增加不同函数之间的隐式耦合度，降低代码可读性，并使得代码测试和纠错变得很困难。

> 📑 **朴言素语**
>
> 　　模块化程序设计是指将一个大程序按功能划分为若干模块，每个模块完成某一功能，通过模块的互相协作完成整个程序。同理，我们每个人都是国家和社会最基础的一份子，个人与国家、与社会相互依存，荣辱与共。

 基础知识练习

一、简答题

　　（1）导入模块通常使用哪些方法？

　　（2）查看 Python 的模块和函数帮助文档有哪些方法？

二、分析以下程序的运行结果。

　　（1）写出下面程序的运行结果。

```
1   import random
2   for i in range(5):
3       x = random.randint(0,100)
4       print(x)
```

　　（2）写出下面程序的运行结果。

```
1   from turtle import *
2   def jumpto(x,y):              #移动小乌龟而不绘图
3       up()
4       goto(x,y)
5       down()
6   reset()                       #置小乌龟到原点处
7   colorlist = ['red','green','yellow']
8   for i in range(3):
9       jumpto(-50,50-i*50)
10      width(5*(i+1))
11      color(colorlist[i])       #设置小乌龟属性
12      forward(100)              #绘图
13  exitonclick()
```

　　（3）写出下面程序的运行结果。

```
1    from turtle import *
2    def jumpto(x,y):
3        up()
4        goto(x,y)
5        down()
6    reset()
7    jumpto(-25,-25)
8    k = 4
9    for i in range(k):
10       forward(50)
11       left(360/k)
12   exitonclick()
```

（4）写出下面程序的运行结果。

```
1    import turtle
2    for x in range(1,9):
3        turtle.forward(100)
4        turtle.left(-45)
```

（5）写出下面程序的运行结果。

```
1    def mymax(x,y):
2      if x>y:
3          return x
4      else:
5          return y
6    a = mymax(3,5)+10
7    print(a)
```

（6）写出下面程序的运行结果。

```
1    def demo(a, b, c, d):
2        return sum((a,b,c,d))
3    print(demo(1, 2, 3, 4))
```

（7）写出下面程序的运行结果。

```
1    def demo(a, b, c = 3, d = 100):
2        return sum((a,b,c,d))
3    print(demo(1, 2, 3, 4))
4    print(demo(1, 2, d = 3))
```

（8）写出下面程序的运行结果。

```
1    def Sum(a, b = 3, c = 5):
2        return sum([a, b, c])
3    print(Sum(a = 8, c = 2))
4    print(Sum(8))
5    print(Sum(8,2))
```

（9）写出下面程序的运行结果。

```
1  def Sum( * p):
2      return sum(p)
3  print(Sum(3, 5, 8))
4  print(Sum(8))
5  print(Sum(8, 2, 10))
```

（10）写出下面程序的运行结果。

```
1  def demo():
2      x = 5
3  x = 3
4  demo()
5  print(x)
```

三、编程题

1. 输入边长 a，使用 turtle 库绘制一个边长为 a 的等边三角形。

2. 编写函数，计算圆的面积。

3. 编写函数，判断三个数是否能构成一个三角形。

4. 编写函数，判断一个数字是否为素数。

5. 编写函数，输入一个字符串，返回一个列表，其中第一个元素为大写字母个数，第二个元素为小写字母个数。

6. 编写函数，求两个正整数的最大公约数。

能力拓展与训练

1. 将编程题中第 4 题的功能扩展：编写函数，判断一个数字是否为素数，并编写主程序调用该函数，输出 100 以内的所有素数以及总个数。

2. 将编程题中第 5 题的功能扩展：编写函数，输入一个字符串，分别统计大写字母、小写字母、数字、其他字符的个数，并以列表的形式返回结果。

3. 编写函数，求两个正整数的最大公约数和最小公倍数。

4. 蒙特卡罗方法（Monte Carlo method），也称统计模拟方法，是 20 世纪 40 年代中期由于科学技术的发展和电子计算机的发明，而被提出的一种以概率统计理论为指导的一类非常重要的数值计算方法。它使用随机数（或更常见的伪随机数）来解决很多计算问题的方法。蒙特卡罗方法在金融工程学，宏观经济学，计算物理学（如粒子输运计算、量子热力学计算、空气动力学计算）等领域应用广泛。

我们尝试使用蒙特卡罗法来计算圆周率，算法是：首先在一个坐标系内，划分一个实际大小的正方形，假定往这个正方形里面洒豆子，然后以这个正方形的某一个点为圆心，画一个四分之一圆的扇形，进而利用数学方法，计算落在这个扇形里面的豆子数量和正方形里面的豆子数量,最后根据数学关系即可计算出圆周率的值。自然地,这个正方形越大,往里面投的豆子数量越多,越接近于实际的圆周率。这里,我们假定这个正方形的规格是 1000×1000。请编程来实现。

5. 设计一个小学生四则运算练习与测试程序,要求:随机产生两个 100 以内的数字(包括小数),然后请小学生输入这两个数的和、差、积、整商和余数,程序自动判断答案是否正确,如果答案错误,给出正确答案。

6. 使用 turtle 库绘制一幅漂亮的图片送给家人或朋友吧!

📝 本章实验实训(一)

一、实验实训目标

(1)熟悉常用的标准库和第三方库函数的使用方法。

(2)掌握 Python 常用模块导入与使用的方法,进一步理解和掌握使用计算机进行问题求解的方法。

二、主要知识点

(1)导入模块,通常使用 import 语句和 from…import 语句两种方法。

(2)random、time、turtle、PyInstaller、jieba、wordcloud 库的使用。

三、实验实训内容

【实验实训 5-1-1】 写出下面程序的运行结果。

```
1  import turtle
2  for x in range(1,9):
3      turtle.forward(100)
4      turtle.left(225)
```

【实验实训 5-1-2】 写出下面程序的运行结果。

```
1  import turtle
2  for x in range(1,38):
3      turtle.forward(100)
4      turtle.left(175)
```

【实验实训 5-1-3】 写出下面程序的运行结果。

```
1  from turtle import *
2  circle(50)
3  exitonclick()
```

【实验实训 5-1-4】 写出下面程序的运行结果。

```
1    import tkinter
2    import tkinter.colorchooser
3    import tkinter.messagebox
4    root = tkinter.Tk()
5    def onBtnChangeClick():
6        if btnChange['text'] == '开始':
7            btnChange['text'] = '结束'
8        elif btnChange['text'] == '结束':
9            btnChange['text'] = '开始'
10   btnChange = tkinter.Button(root, text = '开始', command = onBtnChangeClick)
11   btnChange.place(x = 10, y = 10, width = 100, height = 20)
12   root.mainloop()
```

【实验实训 5-1-5】 写出下面程序的运行结果。

```
1    from turtle import *
2    import math
3    def jumpto(x,y):
4        up(); goto(x,y); down()
5    def getStep(r,k):
6        rad = math.radians(90 * (1-2/k))
7        return ((2 * r)/math.tan(rad))
8    def drawCircle(x,y,r,k):
9        S = getStep(r,k)
10       speed(10); jumpto(x,y)
11       for i in range(k):
12           forward(S)
13           left(360/k)
14   reset()
15   drawCircle(0,0,50,20)
16   s = Screen()
17   s.exitonclick()
```

【实验实训 5-1-6】 写出下面程序的运行结果。

```
1    from tkinter import *
2    canvas = Canvas(width = 400,height = 600,bg = 'white')
3    left = 20
4    right = 50
5    top = 50
6    num = 15
7    for i in range(num):
8        canvas.create_oval(250 - right,250 - left,250 + right,250 + left)
9        canvas.create_oval(250 - 20,250 - top,250 + 20,250 + top)
10       canvas.create_rectangle(20 - 2 * i,20 - 2 * i,10 * (i + 2),10 * (i + 2))
11       right += 5
12       left += 5
```

```
13      top += 10
14   canvas.pack()
15   mainloop()
```

【实验实训 5-1-7】　编写程序,生成包含 20 个随机数的列表,然后将前 10 个元素按升序排列,后 10 个元素按降序排列,并输出结果。

补全程序:

```
1    (_____)        #导入标准库 random
2    x = [random.randint(0,100) for i in range(20)]    #生成包含 20 个随机数的列表
3    print(x)
4    y = x[0:10]
5    (_____)                        #将前 10 个元素按升序排列
6    x[0:10] = y
7    y = x[10:20]
8    y.sort(_____)                      #将后 10 个元素按降序排列
9    x[10:20] = y
10   print(x)
```

【实验实训 5-1-8】　编写程序,输出当前日期、星期和时间。

补全程序:

```
1    (_____)          #导入标准库 time
2    print (time.localtime())                  #输出本地的时间
3    print (time.strftime("%Y-%m-%d %H:%M:%S",time.localtime()))
4    print (time.strftime("%a %b %d %H:%M:%S %Y", time.localtime()))
```

【实验实训 5-1-9】　编写程序,输出当前的年份、月份、日期和时间。

补全程序:

```
1    (_____)             #导入标准库 datetime
2    i = datetime.datetime.now()
3    print ("当前的年份是 %s" %i.year)
4    print ("当前的月份是 %s" %i.month)
5    print ("当前的日期是  %s" %i.day)
6    print ("dd/mm/yyyy 格式是  %s/%s/%s" % (i.day, i.month, i.year) )
7    print ("当前小时是 %s" %i.hour)
8    print ("当前分钟是 %s" %i.minute)
9    print ("当前秒是  %s" %i.second)
```

【实验实训 5-1-10】　任意输入一个年份,判断是否是闰年。阅读理解并运行下面程序(这里需要导入 calendar 库)。

```
1    import calendar
2    year = int(input("请输入年份:"))
3    print("闰年判断结果是:",calendar.isleap(year))
```

【实验实训 5-1-11】　将 4 首诗句:日出江花红似火,春来江水绿如蓝。春风又绿江

南岸,明月何时照我还? 沉舟侧畔千帆过,病树前头万木春。不须迎向东郊去,春在于门
万户中。分词后生成词云,指定字体为微软雅黑(msyh.ttc)。注意:一般在"C:\
Windows\Fonts"中有字体文件,可以把它复制到此程序代码所在文件夹中。

【实验实训 5-1-12】 微信红包的算法实现。阅读理解并运行下面程序,思考有没有
其他的编程算法(这里需要导入 random 库)。

算法分析:

我们按照自己的逻辑分析,这个算法需要满足以下几点要求:

(1) 每个人都要能够领取到红包;

(2) 每个人领取到的红包金额总和等于总金额;

(3) 每个人领取到的红包金额不等,但也不能差得太多,不然就没乐趣了。

设总金额为 10 元,有 N 个人随机领取。

N＝1,则红包金额＝10 元;

N＝2,为保证第二个红包可以正常发出,第一个红包金额应为 0.01 至 9.99 之间的某
个随机数,第二个红包应为 10－第一个红包金额;

N＝3,红包 1 应为 0.01 至 0.98 之间的某个随机数,红包 2 应为 0.01 至(10－红包 1
－0.01)的某个随机数,红包 3 应为 10－红包 1－红包 2;

……

程序代码如下:

```
1   import random
2   total = eval(input('请输入红包总金额:'))
3   num = eval(input('请输入红包个数:'))
4   min_money = 0.01                                    #每个人最少能收到 0.01 元
5   print("红包总金额:{0}元,红包个数:{1}".format(total,num))
6   for i in range(1,num):
7       safe_total = round((total-(num-i) * min_money)/(num-i),2)  #随机安全上限
8       money = round(random.uniform(min_money * 100, safe_total * 100)/100,2)
9       total = round(total-money,2)
10      print("第{0}个红包:{1}元,余额:{2}元 ".format(i,money,total))
11  print("第{0}个红包:{1}元,余额:0 元".format(num,total))
```

> 说明:random.uniform(a,b),用于生成一个指定范围内的随机数,如果 a > b,则生
> 成的随机数 n,a <= n <= b;如果 a <b,则 b <= n <= a。

【实验实训 5-1-13】 你想用 Python 来听音乐吗? 阅读理解下面的程序,模仿编写一
个试试吧。注意,音乐文件与本代码应放在同一个文件夹中。

```
1   import pygame.mixer                      #导入音频处理库
2   pygame.mixer.init()                      #初始化 mixer
3   pygame.mixer.music.load("千与千寻.mp3")   #加载音乐文件
4   pygame.mixer.music.play()                #播放
```

【实验实训 5-1-14】 阅读理解并运行下面程序,你会看到一个漂亮可爱的粉色小猪

佩奇！模仿和尝试绘制出更多美妙可爱的图案来吧！

```
1    import turtle as t
2    t.pensize(4)                              #设置画笔的大小
3    t.colormode(255)                          #设置 GBK 颜色范围为 0~255
4    t.color((255,155,192),"pink")             #设置画笔颜色和填充颜色(pink)
5    t.setup(840,500)                          #设置主窗口的大小为 840 * 500
6    t.speed(10)                               #设置画笔速度为 10
7    #鼻子
8    t.pu()                                    #提笔
9    t.goto(-100,100)                          #画笔前往坐标(-100,100)
10   t.pd()                                    #下笔
11   t.seth(-30)                               #笔的角度为-30°
12   t.begin_fill()                            #外形填充的开始标志
13   a = 0.4
14   for i in range(120):
15       if 0<=i<30 or 60<=i<90:
16           a = a+0.08
17           t.lt(3)                           #向左转 3°
18           t.fd(a)                           #向前走 a 的步长
19       else:
20           a = a-0.08
21           t.lt(3)
22           t.fd(a)
23   t.end_fill()                              #依据轮廓填充
24   t.pu()                                    #提笔
25   t.seth(90)                                #笔的角度为 90°
26   t.fd(25)                                  #向前移动 25
27   t.seth(0)                                 #转换画笔的角度为 0
28   t.fd(10)
29   t.pd()
30   t.pencolor(255,155,192)                   #设置画笔颜色
31   t.seth(10)
32   t.begin_fill()
33   t.circle(5)                               #画一个半径为 5 的圆
34   t.color(160,82,45)                        #设置画笔和填充颜色
35   t.end_fill()
36   t.pu();t.seth(0);t.fd(20);t.pd()
37   t.pencolor(255,155,192)
38   t.seth(10)
39   t.begin_fill();t.circle(5);t.color(160,82,45);t.end_fill()
```

```
40    #头
41    t.color((255,155,192),"pink")
42    t.pu();t.seth(90);t.fd(41);t.seth(0);t.fd(0);t.pd()
43    t.begin_fill()
44    t.seth(180)
45    t.circle(300,-30)                              #画一个半径为300,圆心角为30°的圆弧
46    t.circle(100,-60);t.circle(80,-100);
47    t.circle(150,-20);t.circle(60,-95)
48    t.seth(161);t.circle(-300,15);t.pu();
49    t.goto(-100,100);t.pd();t.seth(-30)
50    a = 0.4
51    for i in range(60):
52        if 0<=i<30 or 60<=i<90:
53            a = a+0.08
54            t.lt(3)                                #向左转3度
55            t.fd(a)                                #向前走a的步长
56        else:
57            a = a-0.08
58            t.lt(3)
59            t.fd(a)
60    t.end_fill()
61    #耳朵
62    t.color((255,155,192),"pink")
63    t.pu();t.seth(90);t.fd(-7);t.seth(0);t.fd(70);t.pd()
64    t.begin_fill()
65    t.seth(100);t.circle(-50,50);t.circle(-10,120);t.circle(-50,54)
66    t.end_fill()
67    t.pu();t.seth(90);t.fd(-12);t.seth(0);t.fd(30);t.pd()
68    t.begin_fill()
69    t.seth(100);t.circle(-50,50);t.circle(-10,120);t.circle(-50,56)
70    t.end_fill()
71    #眼睛
72    t.color((255,155,192),"white")
73    t.pu();t.seth(90);t.fd(-20);t.seth(0);t.fd(-95);t.pd()
74    t.begin_fill();t.circle(15);t.end_fill()
75    t.color("black")
76    t.pu();t.seth(90);t.fd(12);t.seth(0);t.fd(-3);t.pd()
77    t.begin_fill();t.circle(3);t.end_fill()
78    t.color((255,155,192),"white")
79    t.pu();t.seth(90);t.fd(-25);t.seth(0);t.fd(40);t.pd()
80    t.begin_fill();t.circle(15);t.end_fill()
81    t.color("black")
82    t.pu();t.seth(90);t.fd(12);t.seth(0);t.fd(-3);t.pd()
```

83	`t.begin_fill();t.circle(3);t.end_fill()`
84	`#腮`
85	`t.color((255,155,192))`
86	`t.pu();t.seth(90);t.fd(-95);t.seth(0);t.fd(65);t.pd()`
87	`t.begin_fill();t.circle(30);t.end_fill()`
88	`#嘴`
89	`t.color(239,69,19)`
90	`t.pu();t.seth(90);t.fd(15);t.seth(0);t.fd(-100);t.pd()`
91	`t.seth(-80);t.circle(30,40);t.circle(40,80)`
92	`#身体`
93	`t.color("red",(255,99,71))`
94	`t.pu();t.seth(90);t.fd(-20);t.seth(0);t.fd(-78);t.pd()`
95	`t.begin_fill()`
96	`t.seth(-130);t.circle(100,10);t.circle(300,30);t.seth(0);t.fd(230)`
97	`t.seth(90);t.circle(300,30);t.circle(100,3)`
98	`t.color((255,155,192),(255,100,100))`
99	`t.seth(-135);t.circle(-80,63);t.circle(-150,24)`
100	`t.end_fill()`
101	`#手`
102	`t.color((255,155,192))`
103	`t.pu();t.seth(90);t.fd(-40);t.seth(0);t.fd(-27);t.pd()`
104	`t.seth(-160);t.circle(300,15)`
105	`t.pu();t.seth(90);t.fd(15);t.seth(0);t.fd(0);t.pd()`
106	`t.seth(-10);t.circle(-20,90)`
107	`t.pu();t.seth(90);t.fd(30)`
108	`t.seth(0);t.fd(237);t.pd()`
109	`t.seth(-20);t.circle(-300,15)`
110	`t.pu();t.seth(90);t.fd(20);t.seth(0);t.fd(0);t.pd()`
111	`t.seth(-170);t.circle(20,90)`
112	`#脚`
113	`t.pensize(10)`
114	`t.color((240,128,128))`
115	`t.pu();t.seth(90);t.fd(-75);t.seth(0);t.fd(-180);t.pd()`
116	`t.seth(-90);t.fd(40);t.seth(-180)`
117	`t.color("black");t.pensize(15);t.fd(20)`
118	`t.pensize(10);t.color((240,128,128))`
119	`t.pu();t.seth(90);t.fd(40);t.seth(0);t.fd(90);t.pd()`
120	`t.seth(-90);t.fd(40);t.seth(-180)`
121	`t.color("black");t.pensize(15);t.fd(20)`
122	`#尾巴`
123	`t.pensize(4)`
124	`t.color((255,155,192))`
125	`t.pu();t.seth(90);t.fd(70);t.seth(0);t.fd(95);t.pd()`
126	`t.seth(0);t.circle(70,20);t.circle(10,330);t.circle(70,30)`

本章实验实训(二)

一、实验实训目标

掌握自定义函数的定义和调用方法。

二、主要知识点

(1) 函数的定义、调用。

(2) 函数中参数的类型。

(3) 变量的作用域。

三、实验实训内容

【实验实训 5-2-1】 写出以下程序的运行结果。

```
1  def  pr():
2      for i in range(0,10):
3          print("★")
4  pr()
```

【实验实训 5-2-2】 写出以下程序的运行结果。

```
1  def area(r):
2      s = 0
3      s = r * r * 3.14
4      return s
5  print(area(5))
```

【实验实训 5-2-3】 写出以下程序的运行结果。

```
1  def istriangle(a,b,c):
2      if(a+b)>c and (a+c)>b and (c+b)>a:
3          return 'yes'
4      else:
5          return 'no'
6  print(istriangle(1,4,5))
```

【实验实训 5-2-4】 写出以下程序的运行结果。

```
1  i = 1
2  m = [1,2,3,4,5]
3  def func():
4      x = 200
5      for x in m:
```

```
6          print(x)
7      print(x)
8  func ()
```

【实验实训 5-2-5】　写出以下程序的运行结果。

```
1  g = 2
2  def test():
3      global g
4      g = g+1
5      return g
6  print(test())
7  print(g)
```

【实验实训 5-2-6】　补全程序,编程实现求和函数 sum_list(),即对所有列表值进行求和。

```
1  def (_____)
2      s = 0
3      for i in v:
4          (_____)
5      return s
6  x = [1,2,3,4,5]
7  print(sum_list(x))
```

【实验实训 5-2-7】　编写函数,求 1＋2! ＋3! ＋...＋n! 的和。阅读和运行下面程序,理解和体会不同方法的特点。

```
1  #方法 1
2  def f(n):
3      s = 0
4      t = 1
5      for n in range(1,n+1):
6          t *= n
7          s += t
8      return s
9
10 n = eval(input("input n(n>2):"))
11 print ('1!+...+',n,'!=',f(n))
12
13 #方法 2
14 def op(x):
15     r = 1
16     for i in range(1,x + 1):
17         r *= i
18     return r
19
```

```
20   s = 0
21   n = eval(input("input n(n>2):"))
22   list1 = range(1,n+1)
23   s = sum(map(op,list1))
24   #map()通过把函数 f 依次作用在列表的每个元素上,得到一个新的列表并返回
25   print ('1!+ ...+',n,'!=',s)
```

【实验实训 5-2-8】 编写函数,接收一个字符串,分别统计大写字母、小写字母、数字、其他字符的个数,并以元组的形式返回结果。

补全程序:

```
1    def demo(v):
2        capital = little = digit = other = 0
3        for i in v:
4            if 'A'<=i<='Z':
5                capital += 1
6            elif(_____)
7                little += 1
8            elif '0'<=i<='9':
9                digit += 1
10           else:
11               (_____)
12       return (capital,little,digit,other)
13   x = 'I have been studying Python since 2017.'
14   print(demo(x))
```

【实验实训 5-2-9】 编写函数,模拟报数游戏。有 n 个人围成一圈,顺序编号,从第一个人开始从 1 到 k(假设 k=3)报数,报到 k 的人退出圈子,然后圈子缩小,从下一个人继续游戏,问最后留下的是原来的第几号? 阅读理解和运行下面程序,体会其算法的实现。

```
1    def baoshu(n):
2        num = []
3        for i in range(n):
4            num.append(i + 1)
5        i = 0
6        k = 0
7        m = 0
8
9        while m <n - 1:
10           if num[i] !=0 :
11               k += 1
12           if k == 3:
13               num[i] = 0
14               k = 0
15               m += 1
16           i += 1
```

```
17          if i == n :
18              i = 0
19
20      i = 0
21      while num[i] == 0:
22          i += 1
23      print (num[i])
24
25  n = eval(input('请输入总人数:'))
26  baoshu(n)
```

第 **6** 章　常用算法设计策略及其 Python 实现

君子曰：学不可以已。青，取之于蓝，而青于蓝；冰，水为之，而寒于水。

——《荀子·劝学》

6.1　常用算法设计策略的 Python 实现

计算机语言和开发平台日新月异，但万变不离其宗的是那些算法，这是计算机科学的"内功"！掌握一些常用的算法设计策略和方法，有助于我们在进行问题求解时，快速地找到有效的算法。而且更为重要的是，这些算法设计策略体现了计算思维的本质和内涵。

6.1.1　枚举法

电影《战国》中，孙膑带着齐国的军队打仗，半路上收留了几百个灾民。齐国的情报系统告诉孙膑，灾民之中里面有敌国奸细。仓促之间，如何判断谁才是敌人呢？孙军师心生一计，嘱咐手下人煮粥，并在粥里加了很多辣椒。如此味道，一般人肯定是不肯喝的，但灾民就不一样了，都快饿死了，谁还敢挑食？下属们纷纷称赞军师神算。又如五把钥匙中，只有一把是正确的，如果一把一把地依次试一下，最后总能开锁。这两个例子都体现了一种常用算法——枚举法。

枚举法，也称为穷举法，其基本思路是：对于要解决的问题，列举出它的所有可能的情况，逐个判断有哪些是符合问题所要求的条件，从而得到问题的解。简单地说，枚举法就是按问题本身的性质，一一列举出该问题的所有可能解，并在逐一列举的过程中，检验每个可能解是否是问题的真正解，若是，我们采纳这个解，否则抛弃它。在列举的过程中，既不能遗漏也不应重复。

枚举法也常用于对密码的破译，即将密码进行逐个推算直到找出真正的密码为止。例如，一个已知是四位并且全部由数字组成的密码，其可能共有 10000 种组合，因此最多尝试 10000 次就能找到正确的密码。理论上利用这种方法可以破解任何一种密码，问题只在于如何缩短破解时间。

例 6-1　求在 1～1000 中,所有能被 17 整除的数。

问题分析:这类问题可以使用枚举法,把 1～1000 一一列举,然后对每个数进行检验。

使用自然语言描述的算法如下。

(1) 初始化:x=1。

(2) x 从 1 循环到 1000。

(3) 对于每一个 x,依次地对其进行检验:如果能被 17 整除,就打印输出,否则继续下一个数。

(4) 重复第(2)～(3)步,直到循环结束。

使用程序流程图描述的算法如图 6.1 所示。

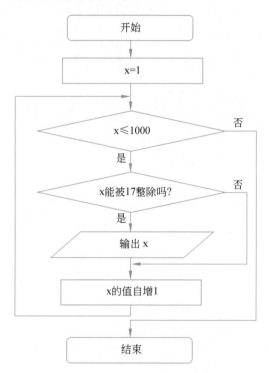

图 6.1　程序流程图描述的算法

【程序 6-1.py】

```
1   for x in range(1,1001):
2       if x%17 == 0:
3           print(x,end = ' ')
```

【运行结果】

```
17 34 51 68 85 102 119 136 153 170 187 204 221 238 255 272 289 306 323 340 357 374 391
408 425 442 459 476 493 510 527 544 561 578 595 612 629 646 663 680 697 714 731 748
765 782 799 816 833 850 867 884 901 918 935 952 969 986
```

例 6-2 百钱买百鸡问题。

这是中国古代《算经》中的问题：鸡翁一，值钱五；鸡母一，值钱三；鸡雏三，值钱一，百钱买百鸡，问翁、母、雏各几何？即已知公鸡 5 元/只，母鸡 3 元/只，小鸡 3 只/1 元，要用一百元钱买一百只鸡，问可买公鸡、母鸡、小鸡各几只？

问题分析：设公鸡为 x 只，母鸡为 y 只，小鸡为 z 只，则问题化为一个三元一次方程组：

$$x+y+z=100$$
$$5x+3y+z/3=100$$

这是一个不定解方程问题（三个变量，两个方程），只能将各种可能的取值代入，能同时满足两个方程的值就是问题的解。

由于共一百元钱，而且这里 x、y、z 为正整数（不考虑为 0 的情况，即每种鸡至少买 1只），那么可以确定：x 的取值范围为 1～20，y 的取值范围为 1～33。

使用枚举法求解，算法步骤如下：

（1）初始化：x＝1，y＝1。

（2）x 从 1 循环到 20。

（3）对于每一个 x，依次地让 y 从 1 循环到 33。

（4）在循环中，对于上述每一个 x 和 y 值，计算 z＝100－x－y。

（5）如果 5x＋3y＋z/3＝100 成立，就输出方程组的解。

（6）重复第（2）～（5）步，直到循环结束。

【程序 6-2.py】

```
1    for x in range(1,20+1):
2        for y in range(1,33+1):
3            z = 100-x-y
4            if (5 * x+3 * y+z/3) == 100:
5                print("公鸡{}只,母鸡{}只,小鸡{}只。".format(x,y,z))
```

【运行结果】

```
公鸡 4 只,母鸡 18 只,小鸡 78 只。
公鸡 8 只,母鸡 11 只,小鸡 81 只。
公鸡 12 只,母鸡 4 只,小鸡 84 只。
```

例 6-3 警察局抓了 a、b、c、d 四名偷窃嫌疑犯，其中只有一人是小偷。审问记录如下：

a 说："我不是小偷。"

b 说："c 是小偷。"

c 说："小偷肯定是 d。"

d 说："c 在冤枉人。"

已知：四个人中三人说的是真话，一人说的是假话，请问：到底谁是小偷？

使用自然语言描述的算法如下：

（1）初始化：x＝'a'。

（2）x 从'a'循环到'd'。

（3）对于每一个 x，依次进行检验：如果（x≠'a'）＋（x＝'c'）＋（x＝'d'）＋（x≠'d'）的和为 3，就输出结果并退出循环，否则继续下一次循环。

【程序 6-3.py】

```
1   for x in ['a','b','c','d']:
2       if (x!='a')+(x == 'c')+(x == 'd')+(x!='d') == 3:
3           print("小偷是:",x)
4           break
```

【运行结果】

小偷是: c

6.1.2　回溯法

在迷宫游戏中，如何能通过迂回曲折的道路顺利地走出迷宫呢？在迷宫中探索前进时，遇到岔路就从中先选出一条"走着瞧"。如果此路不通，便退回来另寻他途。如此继续，直到最终找到适当的出路或证明无路可走为止。为了提高效率，应该充分利用给出的约束条件，尽量避免不必要的试探。这种"枚举—试探—失败返回—再枚举试探"的求解方法就称为回溯法。

回溯法有"通用的解题法"之称，它采用了一种"走不通就掉头"的试错的思想，它尝试分步地去解决一个问题。在分步解决问题的过程中，当它通过尝试发现现有的分步答案不能得到有效的正确解答时，它将取消上一步甚至是上几步的计算，再通过其他的可能的分步解答再次尝试寻找问题的答案。回溯法通常用最简单的递归方法来实现。

回溯法实际是一种基于枚举法的改进算法，它是按问题某种变化趋势穷举下去，如某状态的变化结束还没有得到最优解，则返回上一种状态继续穷举。它的优点与穷举法类似，都能保证求出问题的最佳解，而且这种方法不是盲目地穷举搜索，而是在搜索过程中通过限界，可以中途停止对某些不可能得到最优解的子空间的进一步搜索（类似于人工智能中的剪枝），故它比穷举法效率更高。

运用这种算法的技巧性很强，不同类型的问题解法也各不相同。与贪心算法一样，这种方法也是用来为组合优化问题设计求解算法的，所不同的是它在问题的整个可能解空间搜索，所设计出来的算法的时间复杂度比贪心算法更高。

回溯法的应用很广泛，很多算法都用到了回溯法，例如八皇后、迷宫等问题。

例 6-4　八皇后问题。

八皇后问题是一个古老而著名的问题，该问题最早是由国际象棋棋手马克斯·贝瑟尔于 1848 年提出的。之后陆续有数学家对其进行研究，其中包括高斯和康托，并且将其推广为更一般的 n 皇后摆放问题。八皇后问题的第一个解是在 1850 年由弗朗兹·诺克给出的。诺克也是首先将问题推广到更一般的 n 皇后摆放问题的人之一。1874 年，冈德尔提出了一个通过行列式来求解的方法，这个方法后来又被格莱舍加以改进。

在国际象棋中,皇后是最有权利的一个棋子;只要别的棋子在它的同一行或同一列或同一斜线(包括正斜线和反斜线)上时,它就能把对方棋子吃掉。那么,在 8×8 格的国际象棋上摆放八个皇后,使其不能相互攻击,即任意两个皇后都不能处于同一列、同一行或同一条斜线上,问共有多少种解法? 比如,$(1, 5, 8, 6, 3, 7, 2, 4)$就是其中一个解,如图 6.2 所示。

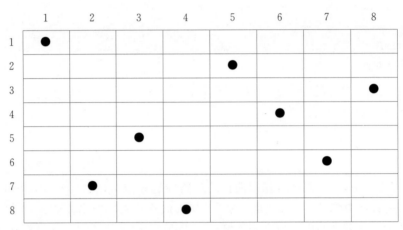

图 6.2　八皇后问题

回溯法求解步骤如下:

先把棋盘中行和列分别用 1~8 编号,并以 x_i 表示第 i 行上皇后所在的列数,如 $x_2 = 5$ 表示第 2 行的皇后位于第 5 列上,它是一个由 8 个坐标值 x_1~x_8 所组成的 8 元组。下面是这个 8 元组解的产生过程。

(1) 先令 $x_1 = 1$。此时 x_1 是 8 元组解中的一个元素,是所求解的一个子集或"部分解"。

(2) 决定 x_2。显然 $x_2 = 1$ 或 2 都不能满足约束条件,x_2 只能取 3~8 的一个值。暂令 $x_2 = 3$,这时部分解变为$(1, 3)$。

(3) 决定 x_3。这时若 x_3 为 1~4,都不能满足约束条件,x_3 至少应取 5。令 $x_3 = 5$,这时部分解变为$(1, 3, 5)$。

(4) 决定 x_4。这时部分解为$(1, 3, 5)$,取 $x_4 = 2$ 可满足约束条件,这时部分解变为$(1, 3, 5, 2)$。

(5) 决定 x_5。这时部分解为$(1, 3, 5, 2)$,取 $x_5 = 4$ 可满足约束条件,这时部分解变为$(1, 3, 5, 2, 4)$。

(6) 决定 x_6。这时部分解为$(1,3,5,2,4)$,而 x_6 为 6、7、8 都处于已置位皇后的右斜线上,x_6 暂时无解,只能向 x_5 回溯。

(7) 重新决定 x_5。已知部分解为$(1, 3, 5, 2)$,且 $x_5 = 4$ 已证明失败,6、7 又都处于已置位皇后的右斜线上,只能取 $x_5 = 8$,这时部分解变为$(1, 3, 5, 2, 8)$。

(8) 重新决定 x_6。此时 x_6 的可用列 4、6、7 都不能满足约束条件,回溯至 x_5 也不再有选择余地,因为 x_5 已经取最大值 8,只能向 x_4 回溯。

（9）重新决定 x_4。

……

这样枚举—试探—失败返回—再枚举试探，直到得出一个 8 元组完全解。

【程序 6-4.py】

```python
1   #八皇后问题的 Python 解法(只求出其中一种可行解)
2   def place(x, k):
3       #判断第 k 个皇后当前的列位置 x[k]是否与其他皇后冲突,不冲突返回真
4       for i in range(1, k):
5           if x[i] == x[k] or abs(x[i] - x[k]) == abs(i - k):
6               return False
7       return True
8   def n_queens(n):
9       """计算 n 皇后的其中一个解,将解向量返回
10      """
11      k = 1
12      #解向量
13      x = [0 for row in range(n + 1)]
14      x[1] = 0
15      while k > 0:
16          #在当前列加 1 的位置开始搜索
17          x[k] = x[k] + 1
18
19          while (x[k] <=n) and (not place(x, k)):#当前列是否满足条件
20              #不满足条件,继续搜索下一列位置
21              x[k] = x[k] + 1
22          if x[k] <=n:
23              #是最后一个皇后,完成搜索
24              if k == n:
25                  break
26              else:
27                  #不是,则处理下一行皇后
28                  k = k + 1
29                  x[k] = 0
30          #已判断完 n 列,均没有满足条件
31          else:
32              #第 k 行复位为 0,回溯到前一行
33              x[k] = 0
34              k = k - 1
35      return x[1:]
36  #主函数,打印出 n 皇后的一个解
37  print(n_queens(8))
```

【运行结果】

```
[1, 5, 8, 6, 3, 7, 2, 4]
```

6.1.3　递推法

递推法是按照一定的规律来计算序列中的每个项,通常是通过计算前面的一些项来得出序列中指定项的值。

递推法又称为迭代法、辗转法,是一种归纳法,其思想是把一个复杂而庞大的计算过程转化为简单过程的多次重复,每次重复都在旧值的基础上递推出新值,并由新值代替旧值。该算法利用了计算机运算速度快、适合做重复性操作的特点。

与迭代法相对应的是直接法(或者称为一次解法),即一次性解决问题。迭代法又分为精确迭代和近似迭代。二分法和牛顿迭代法属于近似迭代法。

例 6-5　猴子吃桃子问题。

小猴在一天摘了若干个桃子,当天吃掉一半多一个;第二天接着吃了剩下桃子的一半多一个;以后每天都吃尚存桃子的一半零一个,到第 7 天早上要吃时只剩下一个了。问小猴那天共摘下了多少个桃子?

问题分析:设第 i+1 天剩下 x_{i+1} 个桃子。因为第 i+1 天吃了:$0.5x_i+1$,所以第 i+1 天剩下:$x_i-(0.5x_i+1)=0.5x_i-1$,因此得:$x_{i+1}=0.5x_i-1$,即得到本题的数学模型:$x_i=(x_{i+1}+1)*2,i=6,5,4,3,2,1$。

因为从第 6 天到第 1 天,可以重复使用上式进行计算前一天的桃子数。因此适合用循环结构来处理。

此问题的算法设计如下:
(1)初始化:$x_7=1$;
(2)从第 6 天循环到第 1 天,对于每一天,进行计算 $x_i=(x_{i+1}+1)*2,i=6,5,4,3,2,1$;
(3)循环结束后,x_7 的值即为第 1 天的桃子数。

【程序 6-5.py】

```
1  x = 1
2  for day in range(6,0,-1):
3      x = (x + 1) * 2
4  print(x)
```

【运行结果】

190

6.1.4　递归法

递归法是计算思维中最重要的思想,是计算机科学中最美的算法之一。很多算法,如分治法、动态规划、贪心算法都是基于递归概念的方法。递归算法既是一种有效的算法设计方法,也是一种有效的分析问题的方法。

先来听一个故事:

从前有座山,
山里有个庙,
庙里有个老和尚,
给小和尚讲故事。
　故事讲的是:
　从前有座山,
　山里有个庙,
　庙里有个老和尚,
　给小和尚讲故事。
　　故事讲的是:
　　从前有座山,
　　山里有个庙,
　　……

这个故事就是一种语言上的递归。但是计算机科学中的递归不能这样没完没了地重复,即不能无限循环。所以需要注意:计算机中的递归算法一定要有一个递归出口!即必须要有明确的递归结束条件。

递归法求解问题的基本思想是:通过重复调用自身,把一个大型复杂的问题分解为同类的子问题来求解。

一般来说,递归需要有边界条件、递推段和回归段。当边界条件不满足时,继续递推;当边界条件满足时,返回结束递归过程。

递归式方法可以被用于解决很多的计算机科学问题,因此它是计算机科学中十分重要的一个概念。绝大多数编程语言支持函数的自调用,在这些语言中,函数可以通过调用自身来进行递归。

学习用递归解决问题的关键就是找到问题的递归式,也就是用小问题的解来构造大问题的关系式。通过递归式可以知道大问题与小问题之间的关系,从而并不是解决问题。每个问题都适宜用递归算法求解。适宜用递归算法求解的问题的充分必要条件是:一是问题具有某种可借用的类同于自身的子问题描述的性质;二是某一有限步的子问题(也称为本原问题)有直接的解存在。

比如,计算机中文件夹的复制也是一个递归问题,因为文件夹是多层次性的,需要读取每一层子文件夹中的文件进行复制。扫雷游戏中也有递归问题,当鼠标单击到四周没有雷的点时往往会打开一片区域,因为在打开没有雷的四周区域时,如果其中打开的某一点其四周也没有雷,那么它的四周也会被打开,以此类推,就能打开一片区域。这些问题用递归方法实现既清晰易懂,还能通过较为简单的程序代码来实现。

例 6-6　输入一个整数 n,利用递归方法求 n!。

程序分析:递归公式 $f(i) = \begin{cases} 1 & i = 0 \\ i \cdot f(i-1) & i \neq 0 \end{cases}$

【程序 6-6.py】

```
1    def f(i):
```

```
2        if i == 0:
3            sum = 1
4        else:
5            sum = i * f(i-1)
6        return sum
7    n = eval(input("输入 n:"))
8    print(n,"!=",f(n))
```

【运行结果】

```
输入 n:5
5!=120
```

例 6-7 使用递归法解决 Fibonacci(斐波那契)数列问题,输出 Fibonacci 数列。

列昂纳多·斐波那契(Leonardoda Fibonacci,约 1170—1250)是意大利著名数学家。在他的著作《算盘书》中有许多有趣的问题,最著名的问题是"兔子繁殖问题":如果每对兔子每月繁殖一对子兔,而子兔在出生后两个月后就有生殖能力,试问第一月有一对小兔子,12 个月后会有多少对兔子?

无穷数列 1,1,2,3,5,8,13,21,34,55,……,称为 Fibonacci 数列,又称黄金分割数列或兔子数列。

假设第 n 个月的兔子数目为 F(n),那么 Fibonacci 数列规律如下:

$$F(n)=F(n-1)+F(n-2) \qquad 当 n \geqslant 3$$
$$F(1)=F(2)=1$$

它可以递归地定义为:

$$F(n)=\begin{cases} 1 & n=0 \\ 1 & n=1 \\ F(n-1)+F(n-2) & n>1 \end{cases}$$

递归算法的执行过程主要分递推和回归两个阶段。

(1) 输入 n 的值。

(2) 在递推阶段,把较复杂的问题(规模为 n)的求解递推到比原问题简单一些的问题(规模小于 n)的求解。

本例中,求解 F(n),把它递推到求解 F(n-1)和 F(n-2)。也就是说,为计算 F(n),必须先计算 F(n-1)和 F(n-2),而计算 F(n-1)和 F(n-2),又必须先计算 F(n-3)和 F(n-4)。以此类推,直至计算 F(1)和 F(0),能立即得到的结果分别为 1 和 0。

注意:当使用递归策略时,在递推阶段,必须有一个明确的递归结束条件,称为递归出口。例如,在函数 F(n)中,当 n 为 1 和 0 的情况就是递归出口。

(3) 在回归阶段,当满足递归结束条件后,逐级返回,依次得到稍复杂问题的解,本例在得到 F(1)和 F(0)后,返回得到 F(2)和 F(1)的结果,……,在得到了 F(n-1)和 F(n-2)的结果后,返回得到 F(n)的结果。

（4）输出 F(n) 的值。

【程序 6-7.py】

```
1    def fibonacci(n):
2        if n<2:
3            return 1
4        return fibonacci(n-1) + fibonacci(n-2)
5    n = eval(input('请输入 n:'))
6    for i in range(0,n):
7        print(fibonacci(i),end = ' ')
```

【运行结果】

请输入 n:10
1 1 2 3 5 8 13 21 34 55 89

◀例 6-8　汉诺(Hanoi)塔问题。

古代有一个梵塔，塔内 A、B、C 有三个塔座，A 塔座上有 64 个盘子，盘子大小不等，大的在下，小的在上，如图 6.3 所示。现要求将 A 塔座上的这 64 个圆盘移到 C 塔座上，并仍按同样顺序叠置。在移动圆盘时应遵守以下移动规则：

（1）每次只能移动一个圆盘；

（2）任何时刻都不允许将较大的圆盘压在较小的圆盘之上；

（3）在满足移动规则（1）和（2）的前提下，可将圆盘移至 A、B、C 中任一塔座上。

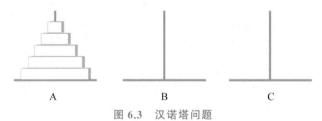

图 6.3　汉诺塔问题

算法分析：

这是一个经典的递归算法示例。这个问题在圆盘比较多的情况下，很难直接写出移动步骤。我们可以先分析圆盘比较少的情况。

假定圆盘从大向小依次为：圆盘 1，圆盘 2，……，圆盘 64。

如果只有一个圆盘，则不需要利用 B 塔座，直接将圆盘 1 从 A 移动到 C。

如果有 2 个圆盘，可以先将圆盘 1 上的圆盘 2 移动到 B；将圆盘 1 移动到 C；将圆盘 2 移动到 C。这说明：可以借助 B 将 2 个圆盘从 A 移动到 C。

如果有 3 个圆盘，那么根据 2 个圆盘的结论，可以借助 C 将圆盘 1 上的两个圆盘从 A 移动到 B；将圆盘 1 从 A 移动到 C，A 变成空塔座；借助 A 塔座，将 B 上的两个圆盘移动到 C。这说明：可以借助一个空塔座，将 3 个圆盘从一个塔座移动到另一个。

如果有 4 个圆盘，那么首先借助空塔座 C，将圆盘 1 上的三个圆盘从 A 移动到 B；将圆盘 1 移动到 C，A 变成空塔座；借助空塔座 A，将 B 塔座上的三个圆盘移动到 C。

上述的思路可以一直扩展到 64 个圆盘的情况：可以借助空塔座 C 将圆盘 1 上的 63 个圆盘从 A 移动到 B；将圆盘 1 移动到 C，A 变成空塔座；借助空塔座 A，将 B 塔座上的 63 个圆盘移动到 C。

递推关系往往是利用递归的思想来建立的。递推由于没有返回段，因此更为简单，常常直接用循环实现。

【程序 6-8.py】

```
1   def Hanoi(n, A, C, B):
2       global count
3       if n <1:
4           print('输入有误!')
5       elif n == 1:
6           print(count, A,"->", C)
7           count += 1
8       elif n > 1:
9           Hanoi(n - 1, A, B, C)
10          Hanoi(1, A, C, B)
11          Hanoi(n - 1, B, C, A)
12  count = 1
13  n = eval(input('请输入盘子个数:'))
14  Hanoi(n,'A','C','B')
```

【运行结果】

```
请输入盘子个数:3
1 A -> C
2 A -> B
3 C -> B
4 A -> C
5 B -> A
6 B -> C
7 A -> C
```

感受递归思想之美：递归策略只需少量的程序就可描述出解题过程所需要的多次重复计算，大大地减少了程序的代码量。递归的能力在于利用有限的语句来定义对象的无限集合。

6.1.5　分治法

任何一个可以用计算机求解的问题所需的计算时间都与其规模有关。问题的规模越小，越容易直接求解，解题所需的计算时间也越少。

例如，对于 n 个元素的排序问题，当 n＝1 时，不需任何计算。n＝2 时，只要做一次比较即可排好序。n＝3 时，只要做 3 次比较即可，……。而当 n 较大时，问题就不那么容易处理了。要想直接解决一个规模较大的问题，有时是相当困难的。

分治法就是把一个复杂的问题分成两个或更多个相同或相似的子问题,再把子问题分成更小的子问题……,直到最后子问题可以简单地直接求解,原问题的解即为子问题解的合并。在计算机科学中,分治法是一种很重要的算法,是很多高效算法的基础。

分治法的精髓是:"分"——将问题分解为规模更小的子问题;"治"——将这些规模更小的子问题逐个击破;"合"——将已解决的子问题合并,最终得出原问题的解。

由分治法产生的子问题往往是原问题的较小模式,这就为使用递归技术提供了方便。在这种情况下,反复运用分治手段,可以使子问题与原问题类型一致而其规模却不断缩小,最终使子问题缩小到很容易直接求出其解。这自然导致递归过程的产生。分治与递归像一对孪生兄弟,经常同时应用在算法设计之中,并由此产生了许多高效算法。

分治法所能解决的问题一般具有以下几个特征:

(1)原问题的规模缩小到一定的程度就可以容易地解决;

(2)原问题可以分解为若干个规模较小的相同问题,即原问题具有最优子结构性质;

(3)利用原问题分解出的子问题的解可以合并为原问题的解;

(4)原问题所分解出的各个子问题是相互独立的,即子问题之间不包含公共的子问题。

上述的第一条特征是绝大多数问题都可以满足的,因为问题的计算复杂性一般是随着问题规模的增加而增加;第二条特征是应用分治法的前提,它也是大多数问题可以满足的,此特征反映了递归思想的应用;第三条特征是关键,能否利用分治法完全取决于问题是否具有第三条特征,如果具备了第一条和第二条特征,而不具备第三条特征,则可以考虑用贪心算法或动态规划法;第四条特征涉及分治法的效率,如果各子问题是不独立的,则分治法要做许多额外的工作,重复地解公共子问题,此时虽然可用分治法,但一般选择动态规划法更好。

根据分治法的分割原则,原问题应该分为多少个子问题才较为适宜?各个子问题的规模应该怎样才为恰当?人们从大量实践中发现,在用分治法设计算法时,最好将一个问题分成大小相等的 k 个子问题。这种使子问题规模大致相等的做法是出自一种平衡子问题的思想,它几乎总是比子问题规模不等的做法更好。

例 6-9　使用分治法解决 Fibonacci 数列问题,输出 Fibonacci 数列。

如果我们换个思维方式,Fibonacci 数列问题也可以采用分治法来解决。比如 n＝5 时,使用分治法计算 Fibonacci 数列的过程,如图 6.4 所示。

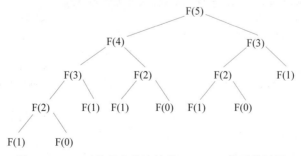

图 6.4　n＝5 时使用分治法计算 Fibonacci 数列的过程

我们仍然可以采用例 6-7 的代码来实现。

◁例 6-10　循环赛日程表问题。

设有 n＝2^k 个运动员要进行网球循环赛,现要设计一个满足以下要求的比赛日程表:

(1) 每个选手必须与其他 n－1 个选手各赛一场;

(2) 每个选手一天只能赛一场;

(3) 循环赛一共进行 n－1 天。

请按此要求将比赛日程表设计成有 n 行和 n－1 列的一个表。在表中的第 i 行、第 j 列处填入第 i 个选手在第 j 天所遇到的选手,其中 $1 \leqslant i \leqslant n, 1 \leqslant j \leqslant n-1$。

算法分析:按分治策略,将所有的选手分为两半,n 个选手的比赛日程表就可以通过为 n/2 个选手设计的比赛日程表来决定。递归地对选手进行分割,直到只剩下 2 个选手时,比赛日程表的制定就变得很简单了。这时只要让这 2 个选手进行比赛就可以了。如图 6.5 所示,所列出的正方形表是 8 个选手的比赛日程表。其中左上角与左下角的两小块分别为选手 1 至选手 4 和选手 5 至选手 8 前 3 天的比赛日程。据此,将左上角小块中的所有数字按其相对位置抄到右下角,又将左下角小块中的所有数字按其相对位置抄到右上角,这样我们就分别安排好了选手 1 至选手 4 和选手 5 至选手 8 在后 4 天的比赛日程。依此思想容易将这个比赛日程表推广到具有任意多个选手的情形。

1	2	3	4	5	6	7	8
2	1	4	3	6	5	8	7
3	4	1	2	7	8	5	6
4	3	2	1	8	7	6	5
5	6	7	8	1	2	3	4
6	5	8	7	2	1	4	3
7	8	5	6	3	4	1	2
8	7	6	5	4	3	2	1

图 6.5　8 个选手的比赛日程表

【程序 6-10.py】

```
1    #循环赛日程安排 Python 程序
2    import math
3    #n = 8
4    n = int(input('请输入参赛人数 n,必须是 2 的某次幂:'))
5    m = int(math.log(n,2))                        #2 的 k 次幂
6    c = [[0 for i in range(n)] for i in range(n)]
7
8    def init_c(n,c):                             #n×n 矩阵初始化
9        for i in range(n):                       #初始化第 1 列
10           c[i][0] = i+1
11       for j in range(n):                       #初始化第 1 行
12           c[0][j] = j+1
13
14   def copy(tox,toy,x,y,r):   #x、y 为源坐标,tox、toy 为目标坐标,r 为阶数
```

```
15      for i in range(r):#如 r = 4,则左上(x,y) = (1,1),右下(tox,toy) = (3,3)
16          for j in range(r):   #左下(x,y) = (3,1),右上(tox,toy) = (1,3)
17              c[tox+i][toy+j] = c[x+i][y+j]
18
19  def table(n):
20      init_c(n,c)
21      for r in [2**i for i in range(m)]:
22          for i in range(0,n,2 * r):      #1、2、4,先 1×1 的复制,再 2×2 的复制,
                                             再 4×4 的复制
23              copy(r,r+i,0,i,r)            #左上角复制到右下角
24              copy(r,i,0,r+i,r)           #右上角复制到左下角
25
26  table(n)                                #填充 n×n 的比赛日程矩阵 c,其中第一列为参赛人员
27  for i in range(n):                      #输出矩阵 c
28      for j in range(n):
29          print(c[i][j],end = ' ')
30      print('')
```

【运行结果】

```
请输入参赛人数 n,必须是 2 的某次幂:8
1 2 3 4 5 6 7 8
2 1 4 3 6 5 8 7
3 4 1 2 7 8 5 6
4 3 2 1 8 7 6 5
5 6 7 8 1 2 3 4
6 5 8 7 2 1 4 3
7 8 5 6 3 4 1 2
8 7 6 5 4 3 2 1
```

关于分治法的应用实例还有很多。

艾述国王向邻国秋碧贞楠公主求婚。公主出了一道题:求出 49770409458851929 的一个真因子(即是除它本身和 1 外的其他约数)。若国王能在一天之内求出答案,公主便接受他的求婚。国王回去后立即开始逐个数地进行计算,他从早到晚,共算了三万多个数,最终还是没有结果。国王向公主求情,公主将答案相告:223 092 827 是它的一个真因子。公主说:"我再给你一次机会。"国王立即回国,并向时任宰相的大数学家孔唤石求教,大数学家在仔细地思考后认为这个数为 17 位,则最小的一个真因子不会超过 9 位,他给国王出了一个主意:按自然数的顺序给全国的老百姓每人编一个号发下去,等公主给出数目后,立即将它们通报全国,让每个老百姓用自己的编号去除这个数,除尽了立即上报,赏金万两。

算法分析:国王最先使用的是一种顺序算法,后面由宰相提出的是一种并行算法,其中包含了分治法的思维。

分治法求解问题的优势是可以并行地解决相互独立的问题。目前计算机已经能够集成越来越多的核,设计并行执行的程序能够有效利用资源,提高对资源的利用率。

6.1.6 贪心算法

贪心算法又称为贪婪算法,是用来求解最优化问题的一种算法。但它在解决问题的策略上目光短浅,只根据当前已有的信息就做出有利的选择,而且一旦做出了选择,不管将来有什么结果,这个选择都不会改变。换言之,贪心算法并不是从整体最优考虑,它所做出的选择只是在某种意义上的局部最优。这种局部最优选择并不总能获得整体最优解,但通常能获得近似最优解。

◇例 6-11   付款问题。

假设有面值为 5 元、1 元、5 角、1 角的货币,需要找给顾客 14 元 6 角现金。如何找给顾客零钱,使付出的货币数量最少?

贪心算法求解步骤:为使付出的货币数量最少,首先选出 2 张面值不超过 14 元 6 角的最大面值的货币 5 元,共 10 元,再选出 4 张面值不超过 4 元 6 角的最大面值的货币 1元,共 4 元,再选出 1 张面值不超过 6 角的最大面值的货币 5 角,共 5 角,再选出 1 张面值不超过 1 角的最大面值的货币 1 角,共 1 角,因此总共付出 8 张货币。

在付款问题每一步的贪心选择中,在不超过应付款金额的条件下,只选择面值最大的货币,而不去考虑在后面看来这种选择是否合理,而且它还不会改变决定:一旦选出了一张货币,就永远选定。付款问题的贪心选择策略是尽可能使付出的货币最快地满足支付要求,其目的是使付出的货币张数最慢地增加,这正体现了贪心算法的设计思想。

【程序 6-11.py】

```
1    v = [50,10,5,1]
2    n = [0,0,0,0,]
3    def change():
4        T = eval(input('要找给顾客的零钱(单位为角):'))
5        greedy(T)
6        for i in range(len(v)):
7            print('要找给顾客',v[i],'角的张数:',n[i])
8        s = 0
9        for i in n:
10           s = s+i
11       print('找给顾客的张数最少为:',s)
12   def greedy(T):
13       if T == 0:
14           return
15       elif T>=v[0]:
16           T = T-v[0]
17           n[0] = n[0]+1
18           greedy(T)
19       elif v[0]>T>=v[1]:
20           T = T-v[1]
```

21	n[1] = n[1]+1
22	greedy(T)
23	elif v[1]>T>=v[2]:
24	T = T-v[2]
25	n[2] = n[2]+1
26	greedy(T)
27	else:
28	T = T-v[3]
29	n[3] = n[3]+1
30	greedy(T)
31	change()

【运行结果】

```
要找给顾客的零钱(单位为角):146
要找给顾客 50 角的张数: 2
要找给顾客 10 角的张数: 4
要找给顾客 5 角的张数: 1
要找给顾客 1 角的张数: 1
找给顾客的张数最少为: 8
```

对于某些求最优解问题,贪心算法是一种简单、迅速的设计技术。用贪心算法设计算法的特点是一步一步地进行,通常以当前情况为基础,根据某个优化测度作为最优选择,而不考虑各种可能的整体情况,这省去了为找最优解要穷尽所有可能而必须耗费的大量时间。它采用自顶向下,以迭代的方法做出相继的贪心选择,每做一次贪心选择,就将所求问题简化为一个规模更小的子问题,通过每一步贪心选择,可得到问题的一个最优解。虽然每一步上都要保证能够获得局部最优解,但由此产生的全局解有时不一定是最优的。

在计算机科学中,贪心算法往往被用来解决旅行商(Traveling Salesman Problem,TSP)问题、图着色问题、最小生成树问题、背包问题、活动安排问题、多机调度问题等。

6.1.7　动态规划法

动态规划法是运筹学的一个分支,是求解决策过程最优化的数学方法。20 世纪 50 年代初美国数学家 R.E.Bellman 等人在研究多阶段决策过程的优化问题时,提出了著名的最优化原理,把多阶段过程转化为一系列单阶段问题,利用各阶段之间的关系,逐个求解,创立了解决这类过程优化问题的新方法——动态规划法。1957 年出版了他的名著 *Dynamic Programming*,这是该领域的第一本著作。

动态规划法的基本思想与分治法类似,也是将待求解的问题分解为若干个子问题(阶段),按顺序求解子问题,前一子问题的解,为后一子问题的求解提供了有用的信息。在求解任一子问题时,列出各种可能的局部解,通过决策保留那些有可能达到最优的局部解,丢弃其他局部解。依次解决各子问题,最后一个子问题就是原问题的解。

由于动态规划法解决的问题多数有重叠子问题这个特点,为减少重复计算,对每一个子问题只解一次,将其不同阶段的不同状态保存在一个二维数组中。因此,适合使用动态规划法求解最优化问题应具备的两个要素：一是具备最优子结构(如果一个问题的最优解包含子问题的最优解，那么该问题就具有最优子结构)；二是子问题重叠。

分治法要求各个子问题是独立的(即不包含公共的子问题)，因此一旦递归地求出各个子问题的解后，便可自下而上地将子问题的解合并成原问题的解。如果各子问题是不独立的，那么分治法就要做许多不必要的工作，重复地解公共的子问题。

动态规划法与分治法的不同之处在于，动态规划法允许这些子问题不独立(即各子问题可包含公共的子问题)，它对每个子问题只解一次，并将结果保存起来，避免每次碰到时都要重复计算。这就是动态规划法高效的一个原因。

动态规划法在经济管理、生产调度、工程技术和最优控制等方面得到了广泛的应用。

动态规划求解问题一般分为以下 4 个步骤。

(1) 分析最优解的结构，刻画其结构特征；

(2) 递归地定义最优解的值；

(3) 按自底向上的方式计算最优解的值；

(4) 用第(3)步中的计算过程的信息来构造最优解。

例 6-12 三角数塔问题。

图 6.6 是一个由数字组成的三角形，顶点为根结点，每个结点有一个整数值。从顶点出发，可以向左走或向右走。要求从顶点开始，请找出一条路径，使路径之和最大，并输出路径之和。

(1) 分析最优解的结构，刻画其结构特征。

首先考虑如何将问题转化成较小子问题。如果在找该路径时，从上到下走到了第 3 层第 0 个数 2，那么接下来应选择走 19；如果从上到下走到了第 3 层第 1 个数 18，那么接下来应选择走 10。同理，如果从上到下走到了第 3 层第 2 个数 9，那么接下来应选择走 10；如果从上到下走到了第 3 层第 3 个数 5，那么接下来应选择走 16。根据这个思路可以更新第 3 层的数，即把 2 更新为 21(2＋19)，把 18 更新为 28(18＋10)，把 9 更新为 19(9＋10)，把 5 更新为 21(5＋16)，更新后的三角数塔如图 6.7 所示。

图 6.6 三角数塔

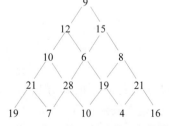

图 6.7 更新第 3 层后的三角数塔

同理，更新后的第 2 层、第 1 层、第 0 层的三角数塔如图 6.8～图 6.10 所示。

(2) 递归地定义最优解的值。

定义 $a(i,j)$ 为第 i 层第 j 个数到最下层的所有路径中最大的数值之和。本例中，第 4 层是最下层，所以用 5×5 的二维数组 T 存储数塔的初始值，根据上面的思路，$a(3,0)$ 等

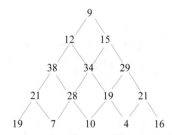

图 6.8　更新第 2 层后的三角数塔

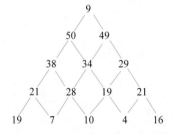

图 6.9　更新第 1 层后的三角数塔

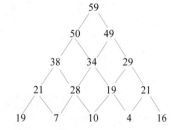

图 6.10　更新第 0 层后的三角数塔

于 a(4,0)和 a(4,1)中较大的数值加上 T(3,0);a(3,1)等于 a(4,1)和 a(4,2)中较大的数值加上 T(3,1);a(3,2)等于 a(4,2)和 a(4,3)中较大的数值加上 T(3,2)。由此,得到以下递归式:

$$a(i,j)=\begin{cases}T(i,j) & i=4\\ \max(a(i+1,j),a(i+1,j+1))+T(i,j), \forall i(0\leqslant i<4) & j\leqslant i\end{cases}$$

(3) 按自底向上的方式计算最优解的值。

根据自底向上的方式,根据上面的递归式,先计算第 n−1 层的 a(n−1,0),a(n−1,1),…,a(n−1,n−1),然后计算第 n−1 层的 a(n−2,0),a(n−2,1),…a(n−2,n−2),……,直到计算最顶层的 a(0,0),本例如表 6-1 所示。

表 6-1　例 6-12 生成的动态规划表

i \ j	0	1	2	3	4
4	19	7	10	4	16
3	21	28	19	21	0
2	38	34	29	0	0
1	50	49	0	0	0
0	59	0	0	0	0

(4) 用第(3)步中的计算过程的信息构造最优解。

我们使用回溯法找出最大数值之和的路径。首先从 a(0,0)=59 开始,a(0,0)−T(0,0)=59−9=50,即 a(0,0)是通过 T(0,0)加上 a(1,0)得到的;回溯到 a(1,0)=50,a(1,0)−T(1,0)=50−12=38,即 a(1,0)是通过 T(1,0)加上 a(2,0)得到的;回溯

到 a(2,0)=38,a(2,0)－T(2,0)=38－10=28,即 a(2,0)是通过 T(2,0)加上 a(3,1)得到的;回溯到 a(3,1)=28,a(3,1)－T(3,1)=28－18=10,即 a(3,1)是通过 T(3,1)加上 a(4,2)得到的。从而得到路径为:(0,0)→(1,0)→(2,0)→(3,1)→(4,2),其和值为 59。

以上就是用动态规划法求解问题的步骤。

【程序 6-12.py】

```
1    #三角数塔矩阵,矩阵 t 存放三角数塔
2    t = [
3    [9,  0, 0,0, 0],
4    [12,15, 0,0, 0],
5    [10, 6, 8,0, 0],
6    [2, 18, 9,5, 0],
7    [19, 7,10,4,16]
8    ]
9    #最大路径矩阵 m 的每个结点有两个分量,如[n,(i,j)]
10   #其中 n 存放结点最大路径值,(i,j)存放最大路径下一个结点
11   m = [[[0,(j,i)] for i in range(5)] for j in range(5)]   #最大值路径记录
12
13   for i in range(5):                                  #更新第 4 层
14       m[4][i][0] = t[4][i]
15
16   for i in range(3,-1,-1):                            #依次更新第 3、2、1、0 层
17       for j in range(0,i+1):
18           #更新路径最大值
19           m[i][j][0] = max(m[i+1][j][0], m[i+1][j+1][0]) + t[i][j]
20           if m[i+1][j][0] >= m[i+1][j+1][0]:       #记录最大路径的下一个结点
21               m[i][j][1] = (i+1,j)
22           else:
23               m[i][j][1] = (i+1,j+1)
24   #(0,0)位路径初始结点,m[0][0][0]存放路径最大值
25   #m[0][0][1]指向最大路径的下一个结点
26   print('路径最大值为:',m[0][0][0])
27   print('最大值路径为:(0,0)',end = ' ')
28   i,j = 0,0
29   #打印最大路径,从(0,0)开始
30   while (i,j) !=m[i][j][1]:
31       print('->',m[i][j][1],end = ' ')
32       i,j = m[i][j][1][0], m[i][j][1][1]
```

【运行结果】

路径最大值为:59
最大值路径为:(0,0)→(1, 0)→(2, 0)→(3, 1)→(4, 2)

说明:

if m[i+1][j][0] >= m[i+1][j+1][0]:

```
         m[i][j][1] = (i+1,j)
    else:
         m[i][j][1] = (i+1,j+1)
```

上面 if…else 语句也可以写成以下简洁的形式：

```
m[i][j][1] = (i+1,j)  if m[i+1][j][0] >= m[i+1][j+1][0]  else  (i+1,j+1)
```

总结：一个问题应该用递推法、贪心算法还是动态规划法，完全是由这个问题本身的阶段间状态的转移方式决定的。如果每个阶段只有一个状态，则用递推法；如果每个阶段的最优状态都是由上一个阶段的最优状态得到的，则用贪心法；如果每个阶段的最优状态可以从之前某个阶段的某个或某些状态直接得到而不管之前这个状态是如何得到的，则用动态规划法。

6.1.8　查找

查找和排序是常用的计算机经典算法。

依据数据的组织方式不同以及是否有序，可选用的算法也不相同。常用的查找方法有顺序查找法和二分查找法。

1. 顺序查找法

顺序查找又称为线性查找，是最基本的查找方法。

基本思想：顺序查找是根据要找的关键值与数组中的元素逐一比较，若相同，则查找成功，给出数据元素的位置；如果比较到最后也没有找到，则查找失败。

顺序查找的缺点是当数据量很大时，平均查找长度较大、效率低；优点是对数据元素的存储没有特殊要求。

例 6-13　使用顺序查找法在列表 data_list 中查找关键字 key。

【程序 6-13.py】

```
1   #顺序查找 sequential search
2   def seq_search(data_list,key):
3       for i in range(len(data_list)):
4           if data_list[i] == key:
5               return i+1
6       return 0         #key不存在，返回0
7   r = [0,11,22,33,44,55,66,77,88,99]
8   k = int(input('输入要找的数据:'))
9   indexNum = seq_search(r,k)
10  print("原始序列为:"+str(r))
11  if indexNum == 0:
12      print("未找到!")
13  else:
14      print("位置为:"+str(indexNum))
```

【运行结果】

```
输入要找的数据:66
原始序列为:[0, 11, 22, 33, 44, 55, 66, 77, 88, 99]
位置为:7
```

```
输入要找的数据:6
原始序列为:[0, 11, 22, 33, 44, 55, 66, 77, 88, 99]
未找到!
```

2. 二分查找法

二分查找法又称为折半查找法。

基本思想:首先,假设列表中元素是按升序排列,将列表中间位置记录的关键字与查找关键字比较,如果两者相等,则查找成功;否则利用中间位置记录将列表分成前、后两个子列表,如果中间位置记录的关键字大于查找关键字,则进一步查找前一子列表,否则进一步查找后一子列表。重复以上过程,直到找到满足条件的记录,使查找成功;或直到子列表不存在为止,此时查找不成功。

查找子过程可用递归调用来实现,每次调用都使查找区间缩小一半。终止条件是查找到或查找区间无此元素。

折半查找优点是比较次数少,查找速度快,平均性能好;缺点是要求待查列表为有序列表,且插入删除困难。因此,折半查找方法适用于不经常变动而查找频繁的有序列表。

例 6-14 使用二分查找法在列表 data_list 中查找关键字 key。

【程序 6-14.py】

```python
def bin_search(data_list,key):
    low = 0                                    #最小数下标
    high = len(data_list) - 1                  #最大数下标
    while low <=high:
        mid = (low + high) // 2                #中间数下标
        if data_list[mid] == key:              #如果中间数下标等于 key, 返回
            return mid
        elif data_list[mid]>key:               #如果 key 在中间数左边
            high = mid - 1
        else:                                  #如果 key 在中间数右边
            low = mid + 1
    return 0                                    #key 不存在, 返回 0
r = [1,2,3,4,5,6,7,8]
k = int(input('输入要找的数据:'))
indexNum = bin_search(r,k)
print("原始序列为:"+str(r))
if indexNum == 0:
    print("未找到!")
else:
    print("位置为:"+str(indexNum+1))
```

【运行结果】

```
输入要找的数据:6
原始序列为:[1, 2, 3, 4, 5, 6, 7, 8]
位置为:6
```

6.1.9　排序

1. 冒泡排序法

冒泡排序是计算机科学领域一种较简单的排序算法。

冒泡排序法的基本思想如下。

(1) 重复地走访要排序的元素,一次比较两个相邻的元素,如果第一个比第二个大(小),就交换它们两个。

(2) 对每一对相邻元素做同样的工作,从开始第一对到结尾的最后一对。这步做完后,最后的元素就是最大(小)的数。

(3) 针对所有元素重复以上的步骤,除了最后已经选出的元素(有序)。

(4) 对越来越少的元素(无序元素)重复上面的步骤,直到没有任何一对数字需要比较,则排序完成。

这个算法的名字由来是因为越大的元素会经由交换慢慢"浮"到数列的顶端(升序或降序排列),就如同碳酸饮料中二氧化碳的气泡最终会上浮到上面一样,故名"冒泡排序"。

比如,原始数列为 6 个数据:5,8,3,4,6,2,经过 5 趟"小数上浮,大数下沉"的过程即可完成从小到大排序,如图 6.11 所示。

原始数据:	5	8	3	4	6	2	
第1趟结果:	5	3	4	6	2	8	比较5次,8下沉
第2趟结果:	3	4	5	2	6	8	比较4次,6下沉
第3趟结果:	3	4	2	5	6	8	比较3次,5下沉
第4趟结果:	3	2	4	5	6	8	比较2次,4下沉
第5趟结果:	2	3	4	5	6	8	比较1次,3下沉

图 6.11　冒泡排序

例 6-15　使用冒泡排序法把列表 mylist 从大到小排序。

【程序 6-15.py】

```
1   #冒泡排序
2   mylist = []
3   while True:
```

4	print('你想排列几个数？')
5	try:
6	num = int(input())
7	for i in range(num):
8	a = int(input('请输入第' + str((i+1)) + '个整数:'))
9	mylist.append(a)
10	except ValueError:
11	print('输入有误!')
12	#冒泡排序核心代码
13	for j in range(len(mylist)-1):
14	for k in range(len(mylist)-1):
15	if mylist[k] <mylist[k+1]:
16	mylist[k+1],mylist[k] = mylist[k],mylist[k+1]
17	print(mylist)

【运行结果】

```
你想排列几个数？
5
请输入第 1 个整数:12
请输入第 2 个整数:3
请输入第 3 个整数:5
请输入第 4 个整数:6
请输入第 5 个整数:99
[12, 3, 5, 6, 99]
[12, 5, 3, 6, 99]
[12, 5, 6, 3, 99]
[12, 5, 6, 99, 3]
[12, 5, 6, 99, 3]
[12, 6, 5, 99, 3]
[12, 6, 99, 5, 3]
[12, 6, 99, 5, 3]
[12, 6, 99, 5, 3]
[12, 99, 6, 5, 3]
[12, 99, 6, 5, 3]
[12, 99, 6, 5, 3]
[99, 12, 6, 5, 3]
[99, 12, 6, 5, 3]
[99, 12, 6, 5, 3]
[99, 12, 6, 5, 3]
```

2. 选择排序法

选择排序法是对冒泡排序法的一种改进,主要有简单选择排序、树形选择排序和堆排序。这里只介绍简单选择排序。

简单选择排序的基本思想如下(以升序为例)。

第 1 趟,在待排序的 n 个数中找出最小数,将它与第 1 个位置上的数交换;

第 2 趟,在剩余的待排序的 n—1 个数中(从第 2 个位置开始)找出最小数,将它与第

2 个位置上的数交换；

以此类推,在剩余的待排序的 n−i+1 个数中(从第 i 个位置开始)找出最小数,将它与第 i 个位置上的数交换；

如此重复,当第 n−1 趟完成时,前 n−1 个位置上的数均已有序,剩下的最后一个数一定是最大的。至此,全部排序完毕。

例如,原始数列有 6 个数据:5,8,3,4,6,2,经过 5 趟即可完成排序,如图 6.12 所示。

原始数据:　| 5 | 8 | 3 | 4 | 6 | 2 |

第1趟结果:　| 2 | 8 | 3 | 4 | 6 | 5 |　比较5次, 找到最小数2, 2与5交换

第2趟结果:　| 2 | 3 | 8 | 4 | 6 | 5 |　比较4次, 找到最小数3, 3与8交换

第3趟结果:　| 2 | 3 | 4 | 8 | 6 | 5 |　比较3次, 找到最小数4, 4与8交换

第4趟结果:　| 2 | 3 | 4 | 5 | 6 | 8 |　比较2次, 找到最小数5, 5与8交换

第5趟结果:　| 2 | 3 | 4 | 5 | 6 | 8 |　比较1次, 找到最小数6, 不交换

图 6.12　简单选择排序

> **说明:** 选择法排序是在每一轮排序时找最小数的下标,在内循环交换最小数的位置;而冒泡法排序是在每一轮排序时将相邻的数比较,顺序不对就交换位置,在内循环外最小数已上浮,最大数沉底。

例 6-16　使用选择排序法对列表 mylist 从大到小排序。

【程序 6-16.py】

```
1   #选择排序
2   def selected_sort(mylist):
3       length = len(mylist)              #获取 list 的长度
4       for i in range(0,length-1):       #一共进行多少轮比较
5           smallest = i
6           for j in range(i+1,length):
7               if mylist[j]<mylist[smallest]:    #如果找到则两值交换
8                   mylist[smallest],mylist[j]\
9                    = mylist[j],mylist[smallest]
10              print("第",i+1,"轮: ",mylist)      #打印每一轮比较后的列表
11  mylist = [1,4,5,0,6]
12  print(selected_sort(mylist))
```

【运行结果】

```
第 1 轮:  [0, 4, 5, 1, 6]
第 2 轮:  [0, 1, 5, 4, 6]
```

第 3 轮: [0, 1, 4, 5, 6]
None

例 6-17　使用 sorted()方法快速实现序对列表 mylist 的排序。

【程序 6-17.py】

```
1    #利用 sorted()方法排序,并使用 reverse 字段实现降序
2    mylist = []
3    print('你想排列几个数?')
4    try:
5        num = int(input())
6        for i in range(num):
7            a = int(input('请输入第' + str((i + 1)) + '个整数:'))
8            mylist.append(a)
9    except ValueError:
10       print('输入有误!')
11   print(sorted(mylist, reverse = True))
```

【运行结果】

你想排列几个数?
5
请输入第 1 个整数:5
请输入第 2 个整数:4
请输入第 3 个整数:33
请输入第 4 个整数:2
请输入第 5 个整数:1
[33, 5, 4, 2, 1]

6.2　算 法 分 析

对同一个问题,可以有不同的解题方法和步骤,即可以有不同的算法,而一个算法的质量优劣将影响到算法乃至程序的效率。算法分析的目的在于选择合适算法和改进算法。对于特定的问题来说,往往没有最好的算法,只有最适合的算法。

例如,求 1+2+3+…+100,可以按顺序依次相加,也可以(1+99)+(2+98)+…+(49+51)+100+50=100×50+50=5050,还可以利用等差数列公式求和等。因为方法有优劣之分,所以为了有效地解题,不仅要保证算法正确,还要考虑算法的质量,选择合适的算法。

通过对算法的分析,在把算法变成程序实际运行前,就知道为完成一项任务所设计的算法的好坏,从而使用好算法,改进差算法,避免无益的人力和物力浪费。

对算法进行全面分析,可分两个阶段进行:

(1)事前分析。

事前分析是指通过对算法本身的执行性能的理论分析,得出算法特性。一般使用数学方法严格地证明和计算它的正确性和性能指标。

- 算法复杂性是指算法所需要的计算机资源,一个算法的评价主要从时间复杂度和空间复杂度来考虑。
- 数量关系评价体现在时间,即算法编程后在计算机中所耗费的时间。
- 数量关系评价体现在空间,即算法编程后在计算机中所占的存储量。

(2) 事后测试。

一般地,将算法编制成程序后实际放到计算机上运行,收集其执行时间和空间占用等统计资料,进行分析判断。对于研究前沿性的算法,可以采用模拟/仿真分析方法,即选取或实际产生大量的具有代表性的问题实例——数据集,将要分析的某算法进行仿真应用,然后对结果进行分析。

一般地,评价一个算法,需要考虑以下几个性能指标。

1. 正确性

算法的正确性是评价一个算法优劣的最重要的标准。一个正确的算法是指在合理的数据输入下,能在有限的运行时间内得到正确的结果。算法正确性的评价包括两个方面:问题的解法在数学上是正确的,以及执行算法的指令系列是正确的。可以通过对输入数据的所有可能情况的分析和上机调试,来证明算法是否正确。

2. 可读性

算法的可读性是指一个算法可供人们阅读的难易程度。算法应该清晰、易读、易懂、易证明,便于以后的调试和修改。

3. 健壮性

健壮性是指一个算法对不合理输入数据的反应能力和处理能力,也称为容错性。算法应具有容错处理能力。当输入非法数据时,算法应对其做出反应,而不是产生莫名其妙的输出结果。

4. 时间复杂度

算法的时间复杂度是指执行算法所需要的计算工作量。为什么要考虑时间复杂性呢?因为有些计算机需要用户提供程序运行时间的上限,一旦达到这个上限,程序将被强制结束,而且有时候可能还需要程序提供一个满意的实时响应。

与算法执行时间相关的因素包括:问题中数据存储的数据结构、算法采用的数学模型、算法设计的策略、问题的规模、实现算法的程序设计语言、编译算法产生的机器代码的质量、计算机执行指令的速度等。

一般来说,计算机算法是问题规模 n 的函数 $f(n)$,算法的时间复杂度也因此记作 $T(n)=O(f(n))$。

一个算法的执行时间大致上等于其所有语句执行时间的总和,对于语句的执行时间是指该条语句的执行次数与执行一次所需时间的乘积。一般随着 n 的增大,$T(n)$ 增长较慢的算法为最优算法。

理论上可以计算的问题,实际上并不一定能行。一个问题求解算法的时间复杂度大于多项式(如指数函数)时,算法的执行时间将随 n 的增加而急剧增长,以致即使是中等规模的问题也不能被求解出来,于是在计算复杂性时,将这一类问题称为难解性问题。

5. 空间复杂度

算法的空间复杂度是指算法需要消耗的内存空间。其计算和表示方法与时间复杂度类似,一般都用复杂度的渐近性来表示。与时间复杂度相比,空间复杂度的分析要简单得多。考虑程序的空间复杂性的原因主要有:在多用户系统中运行时,需指明分配给该程序的内存大小;可提前知道是否有足够可用的内存来运行该程序;一个问题可能有若干个内存需求各不相同的解决方案,从中择取;利用空间复杂性来估算一个程序所能解决问题的最大规模。

在 6.1.5 节"公主的婚姻"案例中,国王最先使用的顺序算法,其复杂性表现在时间方面;后面由宰相提出的并行算法,其复杂性表现在空间方面。

直觉上,我们认为顺序算法解决不了的问题完全可以用并行算法来解决,甚至会想,并行计算机系统求解问题的速度将随着处理器数目的不断增加而不断提高,从而解决难解性问题,其实这是一种误解。当将一个问题分解到多个处理器上解决时,由于算法中不可避免地存在必须串行执行的操作,从而大大地限制了并行计算机系统的加速能力。

基础知识练习

一、简答题

(1) 常用的算法设计策略有哪些?

(2) 评价算法的标准有哪些?

(3) 列举递归和分治算法的生活实例。

(4) 简述顺序查找法和二分查找法的区别和适用范围。

(5) 简述冒泡排序法和选择排序法的区别和适用范围。

二、编程题

(1) 一张单据上有一个 5 位数的编号,万位数是 1,千位数时 4,百位数是 7,个位数、十位数已经模糊不清。该 5 位数是 57 或 67 的倍数,输出所有满足这些条件的 5 位数。

(2) 雨水淋湿了算术书的一道题,8 个数字只能看清 3 个,第一个数字虽然看不清,但可看出不是 0 和 1。编程求其余数字可以是什么?(有多个解)

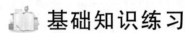

$$\square \times (\square 3 + \square)^2 = 2\square 2$$

(3) 两支乒乓球队进行比赛,各出三人。甲队为 a、b、c 三人,乙队为 x、y、z 三人。已抽签决定了比赛名单。有人向队员打听比赛的名单。a 说他不与 x 比,c 说他不与 x、z 比,请编程找出三队赛手的名单。

(4) 输入 20 个数,分别使用选择排序法和冒泡排序法进行排序,按从小到大的顺序输出。

(5) 有一个含有 10 个数的列表[2,9,35,101,15,23,71,82,99,6],请分别使用顺序

查找法和二分查找法,在该列表中查找某一关键字。

(6) 在一莲花池里起初有一只莲花,每过一天莲花的数量就会翻一番。假设莲花永远不凋谢,第 30 天的时候莲花池全部长满了莲花,请问第 23 天时莲花占莲花池的几分之几?

提示:利用递归算法,递归终止条件 f(1)=1,递归公式为 f(n)=f(n-1)×2。

能力拓展与训练

1. 自己设计一种字符串的加密和解密算法,编写函数对用户输入的字符串进行加密和解密,并将加密前、加密后、解密后的字符串输出。

2. Python 是人工智能领域的主流语言,请搜索资料,了解决策树、k-近邻算法及其Python 实现。

本章实验实训

一、实验实训目标

(1) 理解常用的算法策略,从而进一步理解和掌握使用计算机进行问题求解的方法。

(2) 掌握常用算法的 Python 实现。

二、主要知识点

(1) 枚举法、递推法、递归法、分治法、贪心算法。

(2) 常用的查找和排序算法

(3) 进一步理解算法设计与实现的过程。

三、实验实训内容

【实验实训 6-1】　找出[1,1000]中所有能被 37 或 41 整除的数。

【实验实训 6-2】　编写函数,利用递归法求 n!。

提示:参考本章例题。

【实验实训 6-3】　有一个农场在第一年的时候买了一头刚出生的牛,这头牛在第四年的时候就能生一头小牛,以后每年这头牛都会生一头小牛。这些小牛成长到第四年又会生小牛,以后每年同样会生一头牛,假设牛不会死亡,如此反复。请问 20 年后,这个农场会有多少头牛?

提示:利用递归算法:递归终止条件:n<4 时返回 1;递归公式为 f(n)=f(n-1)+f(n-3)。

【实验实训 6-4】　打印出所有的"水仙花数"。所谓"水仙花数",是指一个三位数,其各位数字立方和等于该数本身。例如,153 是一个"水仙花数",因为 $153=1^3+5^3+3^3$。

提示:利用 for 循环实现枚举,控制 $100\sim999$ 个数,每个数分解出个位、十位和百位。

补全程序:

```
1   for n in(_____)
2       i = n //100
3       j = n //10 % 10
4       k = n % 10
5       if n == (_____)
6           print (n)
```

【实验实训 6-5】 写出下面程序的运行结果,理解和体会递归算法的使用。

程序代码:

```
1   def f(a):
2       if len(a) == 1:
3           return(a[0])        #终止条件非常重要
4       return(f(a[1:])+a[0])
5   a = [1,4,9,16]
6   print(f(a))
```

【实验实训 6-6】 输出前 10 个 Fibonacci 数列。

无穷数列 $1,1,2,3,5,8,13,21,34,55,\cdots$,被称为 Fibonacci 数列。它可以递归地定义为:

$$F(n)=\begin{cases}1 & n=0\\1 & n=1\\F(n-1)+F(n-2) & n>1\end{cases}$$

提示:参考本章例题。

【实验实训 6-7】 海滩上有一堆桃子,五只猴子来分。第一只猴子把这堆桃子平均分为五份,多了一个,这只猴子把多的一个扔入海中,拿走了一份;第二只猴子把剩下的桃子也平均分成五份,又多了一个,它同样把多的一个扔入海中,拿走了一份;第三、第四、第五只猴子都是这样做的,问海滩上原来最少有多少个桃子? 阅读并运行程序,理解其算法设计与实现的思路。

提示:采用递推法。

设第 i+1 只猴子把多的一个扔入海中并拿走了一份后剩下 x_{i+1} 个桃子。

因为第 i+1 只猴子把多的一个扔入海中,并拿走了:$(x_i-1)/5$,所以这时剩下的桃子个数 $x_i-1-(x_i-1)/5=4/5(x_i-1)$,即 $x_{i+1}=4/5(x_i-1)$。

因此得到本题的数学模型:$x_i=(x_{i+1}/4)*5+1,i=0,1,2,3,4$。

从第 5 只猴子到第 1 只猴子,可以逆向递推,重复使用上式进行计算。

补全程序:

```
1   i = 0  #i表示猴子的序号
2   j = 1  #j表示因数
```

```
3    x = 0                                                    # x 表示桃子数
4    while(i<5) :
5        x = 4 * j
6        for i in range(0,5) :
7            if(x%4!=0) :
8                (                                    )        #终止循环
9            else :
10               i+=1
11               (                                    )        #重复数学模型
12       j+=1
13   print(x)
```

【实验实训 6-8】　求 n 个数中的最小值。阅读和运行下面程序,理解和体会不同方法的特点。

程序代码:

```
1    print('1-最小值_循环')
2    def M(a):
3        m = a[0]
4        for i in range(1,len(a)):
5            if a[i]<m:
6                m = a[i]
7            return m
8    a = [4,1,3,5]
9    print(M(a))
10
11   print('2-最小值_递归')
12   def M(a):
13           print(a)
14           if len(a) == 1: return a[0]
15           return (min(a[len(a)-1], M(a[0:len(a)-1])))
16   L = [4,1,3,5]
17   print(M(L))
18
19   print('3-最小值_分治')
20   def M(a):
21       #print(a)可以列出程序执行的顺序
22       if len(a) == 1: return a[0]
23       return ( min(M(a[0:len(a)//2]),M(a[len(a)//2:len(L)])))
24   L = [4,1,3,5]
25   print(M(L))
26
27   print('4-最小值和最大值_分治')
28   A = [3,8,9,4,10,5,1,17]
29   def Smin_max(a):
30       if len(a) == 1:
```

```
31          return(a[0],a[0])
32      elif len(a) == 2:
33          return(min(a),max(a))
34      m = len(a)//2
35      lmin,lmax = Smin_max(a[:m])
36      rmin,rmax = Smin_max(a[m:])
37      return min(lmin,rmin),max(lmax,rmax)
38  print("Minimum and Maximum:",(Smin_max(A)))
```

【实验实训 6-9】 最大公约数问题（Greatest Common Divisor，GCD）。阅读和运行下面程序，理解和体会使用贪心算法求 x 和 y 的最大公约数的过程。

程序代码：

```
1   def main():
2       a = eval(input('输入第一个数字：'))
3       b = eval(input('输入第二个数字：'))
4       print(a,'和',b,'的最大公约数是：', GCD(a,b))
5
6   def GCD(x,y):
7       a = max(x,y)
8       b = min(x,y)
9       if a%b == 0:
10          return(b)
11      return(GCD(a%b,b))
12  main()
```

【实验实训 6-10】 使用回溯法实现数组全排列输出。阅读和运行下面程序，理解和体会算法的设计与实现。

全排列定义：从 n 个不同元素中任取 m（m≤n）个元素，按照一定的顺序排列起来，称为从 n 个不同元素中取出 m 个元素的一个排列。当 m＝n 时所有的排列情况称为全排列。

程序代码：

```
1   def perm(li, start, end):
2       if(start == end):
3           for elem in li:
4               print(elem,end = '')
5           print('')
6       else:
7           for i in range(start, end):
8               li[start], li[i] = li[i], li[start]
9               perm(li, start+1, end)
10              li[i], li[start] = li[start], li[i]
11  li = ['a','b','c','d']
12  perm(li, 0, len(li))
```

【实验实训 6-11】　任意输入 10 个数，将它们从小到大排序。

提示：此题使用的是选择排序法。

补全程序：

```
1    #输入
2    N = 10
3    print('please input ten num:\n')
4    l = []
5    for i in range(N):
6        l.append(int(input('input a number:\n')))
7    print()
8    for i in range(N):
9        print(l[i])
10   print()
11   #排序
12   for i in range(_____):
13       min = i
14       for j in range(i + 1,N):
15           if l[min] > l[j]:
16               min = j
17       (_____)
18   #打印排序结果
19   for i in range(N):
20       print(l[i])
```

【实验实训 6-12】　有一个已经排好序的数组。现输入一个数，要求按原来的规律将它插入数组中。阅读并运行程序，尝试理解其算法设计与实现的思路。

程序分析：首先判断此数是否大于最后一个数，然后再考虑插入中间的数的情况，插入后，此元素之后的所有数，依次后移一个位置。

程序代码：

```
1    a = [1,4,6,9,13,16,19,28,40,100,0]
2    print('original list is:')
3    for i in range(len(a)):
4        print(a[i])
5    number = int(input("insert a new number:\n"))
6    end = a[9]
7    if number > end:
8        a[10] = number
9    else:
10       for i in range(10):
11           if a[i] > number:
12               temp1 = a[i]
13               a[i] = number
14               for j in range(i + 1,11):
15                   temp2 = a[j]
```

```
16              a[j] = temp1
17              temp1 = temp2
18           break
19  for i in range(11):
20      print(a[i])
```

【实验实训 6-13】 编写函数，模拟兑换零钱。给定一个数，然后兑换成指定面值的零钱，求解所有可能的兑换方法，每个零钱可以使用多次。阅读并运行程序，理解其算法设计与实现的思路。

程序代码：

```
1  def makeChanges(total, changes = (1, 2, 5, 10, 20, 50, 100), result = None):
2      if result is None:
3          result = []
4      if total == 0:
5          yield result
6      for change in changes:
7          #兑换的零钱不能超过总金额,并且每个结果是唯一的
8          if change>total or (len(result)>0 and result[-1]<change):
9              continue
10         for r in makeChanges(total-change, changes, result+[change]):
11             yield r
12 for way in makeChanges(35):
13     print(way)
```

第 7 章 文件与数据格式化

身修而后家齐，家齐而后国治，国治而后天下平。

——《大学》

7.1 文　　件

7.1.1 文件的概念与类型

1. 文件的概念

文件是指存储在计算机介质上的一组数据系列，可以包含任何数据内容。

2. 文件的类型

根据访问文件的方式将文件分成两类：文本文件和二进制文件。

（1）文本文件。文本文件一般由单一特定编码的字符组成，大部分文本文件都可以通过文本编辑软件来创建、编辑和读写。由于文本文件存在编码，所以它也可以看作是存储在磁盘中的长字符串，字符串中的一个字符由多个字节表示，如 txt 格式的文本文件。

（2）二进制文件。二进制文件是直接由 0 和 1 组成的，没有统一的字符编码，文件内部数据的组织格式与文件用途有关，如图片文件、视频文件等。

二进制文件和文本文件最主要的区别在于是否有统一的字符编码。比如，我们采用文本方式打开文件，文件经过编码形成字符串，就会显示出有意义的字符；而采用二进制方式打开文件，文件会被解析为字节流。

7.1.2 文件的打开和关闭

Python 使用内置的 file 对象来处理文件。

1. 打开文件

必须先创建一个 file 对象，用 Python 内置的 open() 函数打开一个文件，然后才可以使用相关的辅助方法调用它进行读写。

语法格式如下：

```
<文件对象的变量名>= open(<文件路径及文件名> [，文件的打开模式])
```

其中,文件的打开模式有只读、写入、追加等,默认模式为只读(r)。

例如,语句 f=open('b1.txt', 'r'),以只读模式打开文件,这里的'r'可以省略。

常用的文件打开模式如表 7-1 所示。

表 7-1　常用的文件打开模式

文件的打开模式	含　　义
r	只读模式。如果文件不存在则返回异常。默认值
w	覆盖写模式。文件不存在则创建新文件;文件存在则将其覆盖
a	追加写模式。文件不存在则创建新文件;文件存在则在文件末尾追加内容
b	二进制文件模式
+	同时读写模式。与其他模式组合使用

这些模式可以组合,例如:

- rb:以二进制格式、只读模式打开文件 (如图片或可执行文件等)。
- r+:以读写模式打开文件。
- w+:以读写模式打开文件。文件不存在则创建新文件;文件存在则将其覆盖。
- a+:以读写模式打开文件。文件不存在则创建新文件;文件存在则在文件末尾追加内容。

例如:

```
f1 = open("foo.txt", "wb+")
```

2. 关闭文件

文件对象的 close()方法可以刷新缓冲区里任何还没写入的信息,并关闭该文件,这之后便不能再进行写入。当一个文件对象的引用被重新指定给另一个文件时,Python 会关闭之前的文件。用 close()方法关闭文件是一个很好的习惯。

语法格式:

```
文件对象的变量名.close()
```

例如:

```
f1.close()  #关闭打开的文件
```

7.1.3　文件的读写

文本文件读写方法如下。

- f.read([count]):读入整个文件内容,如果有 count,则读出前 count 长度的字符串或字节流。

- f.readline([count])：从文件中读入一行内容（包括行尾符号），如果有 count，则读出前 count 长度的字符串或字节流。
- f.readlines([hint])：从文件中读入所有行，以每行为元素形成一个列表，如果有 hint，则读入 hint 行。
- f.write(string)：把 string 字符串写入到文件指针位置，返回写入的字符个数。
- f.writelines(list)：把列表 list 中的字符串写入文件，没有换行，返回写入的字符个数。
- f.seek(offset[,where])：把文件指针移动到相对于 where 的 offset 位置。offset 是文件中读/写指针的位置。where 为 0 表示文件开始处，这是默认值；1 表示当前位置；2 表示文件结尾。
- f.tell()：获得文件指针位置。
- for line in f：用迭代方式读文件，每次换一行。

> 📝 **注意**：绝对路径是从根目录出发的路径，相对路径是指从当前文件夹出发的路径，就是你编写的这个 py 文件所存放的文件夹路径。由于"\"是字符串中的转义符，所以表示路径时，使用"//"或"/"代替。

假设当前的 py 文件夹所处的位置是 D:\user\public，那么以下三行代码的路径是：

```
open('aaa.txt')               #D:\user\public\aaa.txt
open('data//bbb.txt')         #D:\user\public\data\bbb.txt
open('D:/user/ccc.txt')       #D:\user\ccc.txt
```

◁ **例 7-1** 读文本文件。

【程序 7-1.py】

```
1    filehandler = open('f7-1.txt','r')    #以只读模式打开当前路径中的文件
2
3    print ('read() function:')            #读取整个文件
4    print (filehandler.read())
5
6    print ('readline() function:')        #返回文件头,读取一行
7    filehandler.seek(0)
8    print (filehandler.readline())
9
10   print ('readlines() function:')       #返回文件头,返回所有行的列表
11   filehandler.seek(0)
12   print (filehandler.readlines())
13
14   print ('list all lines')              #返回文件头,显示所有行
15   filehandler.seek(0)
16   textlist = filehandler.readlines()
17   for line in textlist:
```

18	print (line)	
19	print()	
20	print()	
21		
22	print ('seek(15) function')	#移位到第 15 个字符
23	filehandler.seek(15)	
24	print ('tell() function')	
25	print (filehandler.tell())	#显示当前位置
26		
27	filehandler.close()	#关闭文件句柄

【运行结果】

```
read() function:
1.程序设计就是分析问题、设计算法、编码、调试与测试的过程。
2.Python 的设计哲学是"优雅""明确""简单"。

readline() function:
1.程序设计就是分析问题、设计算法、编码、调试与测试的过程。

readlines() function:
['1.程序设计就是分析问题、设计算法、编码、调试与测试的过程。\n', '2、Python 的设计哲学
是"优雅""明确""简单"。\n']
list all lines
1.程序设计就是分析问题、设计算法、编码、调试与测试的过程。

2.Python 的设计哲学是"优雅""明确""简单"。

seek(15) function
tell() function
15
```

例 7-2　如果以二进制格式、只读模式打开文件 f7-1.txt，然后读取整个文件会出现什么结果呢？

要实现二进制文件的读写，只需在打开文件方式的参数中增加一个"b"即可。

【程序 7-2.py】

| 1 | filehandler = open('f7-1.txt','rb') | #以二进制格式、只读模式打开文件 |
| 2 | (filehandler.read()) | |

【运行结果】

```
b'1\xa1\xa2\xb3\xcc\xd0\xf2\xc9\xe8\xbc\xc6\xbe\xcd\xca\xc7\xb7\xd6\xce\xf6\
xce\xca\xcc\xe2\xa1\xa2\xc9\xe8\xbc\xc6\xcb\xe3\xb7\xa8\xa1\xa2\xb1\xe0\xc2\
xeb\xa1\xa2\xb5\xf7\xca\xd4\xd3\xeb\xb2\xe2\xca\xd4\xb5\xc4\xb9\xfd\xb3\xcc\
xa1\xa3\r\n2\xa1\xa2Python\xb5\xc4\xc9\xe8\xbc\xc6\xd5\xdc\xd1\xa7\xca\xc7\
xa1\xb0\xd3\xc5\xd1\xc5\xa1\xb1\xa1\xa2\xa1\xb0\xc3\xf7\xc8\xb7\xa1\xb1\xa1\
xa2\xa1\xb0\xbc\xf2\xb5\xa5\xa1\xb1\xa1\xa3\r\n'
```

我们看到,以二进制格式、只读模式打开文本文件,文件被解析为字节流,一个字符被编码为多个字节来表示。

数据库文件、图像文件、可执行文件、动态链接库文件、音频文件、视频文件、Office 文档等均属于二进制文件,对于二进制文件不能使用记事本或其他文本编辑软件直接进行正常的读写,必须正确理解二进制文件的结构和序列化规则,然后设计正确的反序列化规则才能准确地理解二进制文件的内容。Python 中常用的序列化模块有 struck/pickle、shelve、marshal 和 json,由于篇幅有限这里不再详述。

例 7-3 写文本文件。

【程序 7-3.py】

```
1    f = open('f7-3.txt','w')
2    f.write('Hello,')
3    f.writelines(['Hi','haha!'])          #多行写入
4    f.close()
5    #追加内容
6    f = open('f7-3.txt','a')
7    f.write('快乐学习,')
8    f.writelines(['快乐','生活。'])
9    f.close()
10
11   filehandler = open('f7-3.txt','r')    #以读方式打开文件
12   print (filehandler.read())            #读取整个文件
13   filehandler.close()
```

【运行结果】

Hello,Hihaha!快乐学习,快乐生活。

例 7-4 输入学生姓名、数学分数、英语分数,生成 grade.txt 文件,再读取文件信息,计算平均成绩。

【程序 7-4.py】

```
1    fp = open("f7-3.txt",'w')
2    for i in range(2):
3        name = input('姓名:')
4        math = int(input('数学:'))
5        english = int(input('英语:'))
6        line = name + "   " + str(math) + " " +str(english) + '\n'
7        fp.write(line)
8    fp.close()
9
10   ifile = open("f7-3.txt",'r')
11   print("  成绩单   \n----------------")
12   for line in ifile:
13       L = line.split()   #使用 split()函数将字符串以空格分开存入列表
```

```
14        avg = (float(L[1]) + float(L[2]))/2
15        print(L[0], L[1], L[2], avg)
16    ifile.close()
```

【运行结果】

```
姓名:张三
数学:89
英语:90
姓名:李四
数学:78
英语:75
成绩单
----------------
张三 89 90 89.5
李四 78 75 76.5
```

7.2 数据格式化

数据在计算机处理前需要一定的组织和格式化,按照数据组织的维度不同,可分为一维数据、二维数据和高维数据。

一维数据由对等关系的有序或无序数据构成,采用线性方式组织。比如,我国有 56 个民族,各个民族就可以表示为一维数据。一维数据对应于数学中数组的概念。Python 中的序列、集合类型可以看作是一维数据。

二维数据也称为表格数据,由关联关系数据构成,采用二维表格方式组织,对应于数学中的矩阵。

高维数据可以认为由键值对类型的数据构成,采用对象方式组织,可以多层嵌套。高维数据是网络组织内容的主要方式。

本书主要介绍一维和二维数据的处理。目前国际上通用的一维和二维数据的存储格式是 CSV(Comma Separated Values,逗号分隔值)格式。它是一种通用的、采用逗号分隔数据的简单的文本文件格式,在商业和科学上广泛应用。CSV 格式存储的文件一般以.csv 为扩展名,可以通过记事本、Excel 或其他文本编辑工具打开。一般的表格数据处理工具都可以另存为或导出为 CVS 格式的文件,用于不同工具间数据的交换。该格式的应用有如下一些基本规则:

(1) 纯文本格式,通过单一编码表示字符。

(2) 以行为单位,开头不留空行,行之间没有空行。

(3) 每行表示一个一维数据,多行表示二维数据。

(4) 以英文半角逗号分隔每列数据,列数据为空也要保留逗号。

(5) 对于表格数据,可以包含或不包含列名,包含列名时,列名放置在文件第一行。

例如，有一张学生成绩表如表 7-2 所示。

表 7-2 学生成绩表

学号	姓名	高数成绩	计算机成绩	英语成绩
50270101	王刚	80	65	68
50270102	史春虎	77	87	85
50270103	刘科	65	80	88
50270104	刘国庆	56	79	74
50270308	张明	89	90	78

以 CSV 格式（一般以 .csv 为扩展名）存储后的学生成绩表 .csv 内容如下。

```
学号,姓名,高数成绩,计算机成绩,英语成绩
50270101,王刚,80 ,65 ,68
50270102,史春虎,77 ,87 ,85
50270103,刘科,65 ,80 ,88
50270104,刘国庆,56 ,79 ,74
50270308,张明,89 ,90 ,78
```

例 7-5 先从学生成绩表 .csv 文件获取数据到二维列表并输出，然后再以表格形式格式化输出。

【程序 7-5.py】

```
1   #从 CSV 文件获取数据到二维列表
2   f = open("学生成绩表.csv",'r')
3   list1 = []
4   for line in f:
5       line = line.strip("\n")              #删除每行头尾回车键
6       list1.append(line.split(","))        #以逗号分隔
7   print(list1)
8   f.close()
9   #以表格形式格式化输出二维列表
10  for row in list1:
11      line = ""
12      for item in row:
13          line+="{0:10}\t".format(item)
14      print(line)
```

【运行结果】 如图 7.1 所示。

```
[['学号', '姓名', '高数成绩', '计算机成绩', '英语成绩'], ['50270101', '王刚', '80 ',
'65 ', '68 '], ['50270102', '史春虎', '77 ', '87 ', '85 '], ['50270103', '刘科', '65 ',
'80 ', '88 '], ['50270104', '刘国庆', '56 ', '79 ', '74 '], ['50270308', '张明', '89 ',
'90 ', '78 ']]
学号        姓名        高数成绩       计算机成绩      英语成绩
50270101   王刚        80          65          68
50270102   史春虎      77          87          85
50270103   刘科        65          80          88
50270104   刘国庆      56          79          74
50270308   张明        89          90          78
```

图 7.1 例 7-5 的运行结果

基础知识练习

(1) 编写程序,在当前文件夹中创建一个文本文件 bc7-1.txt,并向其中写入字符串 "hello world"。(如果本题改为在 D 盘根目录下创建一个文本文件 bc8-1.txt 呢?)

(2) 编写程序,打开当前文件夹中的文本文件 bc7-2.txt(里面是一首唐诗),在其开头补充上标题"采莲曲"。

提示:需要使用 seek(0,0)方法将文件指针移动至文件开头。

(3) 编写程序,比较 a.txt 和 b.txt 两个文件的内容。如果相同,输出"相同";否则输出"不同"。

 能力拓展与训练

阅读以下程序,理解其功能:在文件夹 tz7-1(与代码在同一个文件夹)中有名为 1.txt、2.txt、3.txt 的 3 个文本文件(文件内容均为英文),找出其中出现频率最多的英文单词。这是一个简单的文本分析程序。

程序代码:

```
1   #在指定目录的多个 txt 文件中,找出其中出现频率最多的英文单词
2   import os, re
3   from collections import Counter
4
5   FILESOURECE = "tz7-1"
6   #指定过滤词
7   filter_word = ['the', 'in', 'of', 'and', 'to', 'has', 'that', 's',
                   'is', 'are', 'a', 'with', 'as', 'an']
8   def getCounter(articlefileresource):
9       'tdw'
10      pattern = r'''[A-Za-z]+|\$? \d+%?$'''
11      with open(articlefileresource) as f:
12          r = re.findall(pattern, f.read())
13          return Counter(r)
14  def getRun(FILE_PATH):
15      os.chdir(FILE_PATH)
16      total_counter = Counter()
17      print(os.listdir(os.getcwd()))
18      for i in os.listdir(os.getcwd()):
19          if os.path.splitext(i)[1] == '.txt':
20              total_counter += getCounter(i)
21  #过滤
```

```
22        for i in filter_word:
23            total_counter[i] = 0
24        return total_counter.most_common()[0][0]
25   print("高频词是:",getRun(FILESOURECE))
```

📝 本章实验实训

一、实验实训目标

（1）掌握文件的打开、关闭和读写。

（2）理解使用文件进行数据管理的思维方式。

二、主要知识点

（1）文件的打开和关闭。

（2）文本文件的读写。

（3）二进制文件的读写。

三、实验实训内容

【实验实训 7-1】　写出下面程序的运行结果。

```
1   f = open("sx7-1.txt",'w')
2   f.write("北京")
3   f.write("上海")
4   f.write("西安")
5   f.write("\n 北京\n")
6   f.write("上海\n 西安\n")
7   f.close()
```

【实验实训 7-2】　写出下面程序的运行结果。

```
1    f = open('test.txt','w')
2    f.write('Hello,')
3    f.writelines(['Hi','haha!'])              #多行写入
4    f.close()
5    #追加内容
6    f = open('test.txt','a')
7    f.write('快乐学习,')
8    f.writelines(['快乐','生活。'])
9    f.close()
10
```

11	filehandler = open('test.txt','r')	#以读方式打开文件
12	print (filehandler.read())	#读取整个文件
13	filehandler.close()	

【实验实训 7-3】　编写程序，输入学生姓名、数学分数、英语分数，生成文本文件 grade.txt，再读取该文件信息，计算每位学生的平均成绩。

第 **8** 章 应用实例

知之愈明,则行之愈笃;行之愈笃,则知之益明。

——(宋)朱熹

8.1 文本分析基础

文本分析是指对文本的表示及其特征项的选取。文本分析是文本挖掘、信息检索的一个基本问题,它通过从文本中抽取出的特征词进行量化来表示文本信息。本节主要介绍了文本分析中的词频统计与词云生成。

8.1.1 jieba库

jieba库是Python中第三方中文分词函数库,能够将一段中文文本分割成中文词语的序列。有关jieba库的更多介绍请访问 https://github.com/fxsjy/jieba。

1. 安装

jieba库需要在命令行下通过pip命令安装,命令如下:

```
:>pip install jieba
```

2. 分词

jieba库的分词原理是利用一个中文词库,将待分词的内容与分词词库进行比对,通过图结构和动态规划法,找到最大概率的词组。除了分词,jieba库还提供自定义分词词典的功能。英文文章中的单词已通过空格或标点符号分割,所以英文文本不存在分词问题。

jieba库支持如下三种分词模式。

(1) 精确模式:试图将句子最精确地切开,适合文本分析。这种模式因为不产生冗余,所以最常用。

(2) 全模式:把句子中所有可以成词的词语都扫描出来,冗余性最大。

(3) 搜索引擎模式:在精确模式的基础上,对长词再次切分,提高召回率,适用于搜索引擎的分词。这种方式有一定的冗余度,但比全模式小。

jieba 库包含的主要函数见表 8-1 所示。

表 8-1　jieba 库包含的主要函数

函　　数	描　　述
jieba.cut(s)	精确模式,返回一个可迭代的数据类型
jieba.cut(s,cut_all＝True)	全模式,输出文本 s 所有可能的单词
jieba.cut_for_search(s)	搜索引擎模式,输出适合搜索的分词结果
jieba.lcut(s)	精确模式,返回一个列表类型
jieba.lcut(s,cut_all＝True)	全模式,返回一个列表类型
jieba.lcut_for_search(s)	搜索引擎模式,返回一个列表类型

例 8-1　尝试使用三种分词模式将句子"家国情怀是中华民族前进的动力源泉"进行分词。

【程序 8-1.py】

```
1    import jieba
2    s = "家国情怀是中华民族前进的动力源泉"
3
4    for  x in jieba.cut(s):                   #精确模式
5        print(x,end = ' ')
6    print()
7    print (jieba.lcut(s))                     #精确模式
8
9    for  x in jieba.cut(s,cut_all = True):    #全模式
10       print(x,end = ' ')
11   print()
12   print (jieba.lcut(s,cut_all = True))      #全模式
13
14   for  x in jieba.cut_for_search(s):        #搜索引擎模式
15       print(x,end = ' ')
16   print()
17   print (jieba.lcut_for_search(s))          #搜索引擎模式
```

【运行结果】

```
家国 情怀 是 中华民族 前进 的 动力 源泉
['家国', '情怀', '是', '中华民族', '前进', '的', '动力', '源泉']
家国 情 情怀 是 中华 中华民族 民族 前进 的 动力 动力源 力源 源泉
['家', '国情', '情怀', '是', '中华', '中华民族', '民族', '前进', '的', '动力', '动力
源', '力源', '源泉']
家国 情怀 是 中华 民族 中华民族 前进 的 动力 源泉
['家国', '情怀', '是', '中华', '民族', '中华民族', '前进', '的', '动力', '源泉']
```

3. 添加新词和自定义词典

有些词如果 jieba 词库里没有,可以使用以下两种方法来解决。

(1) 添加新词到分词词典中。语法格式如下:

```
jieba.add_word(w)
```

(2) 自定义词典。语法格式如下:

```
jieba.load_userdict(filename) #filename 为文件类对象或自定义词典的路径
```

例 8-2 将句子"他是大数据和云计算方面的专家"进行分词,并尝试添加新词。

【程序 8-2.py】

```
1   import jieba
2   s = "他是大数据和云计算方面的专家"
3   for  x in jieba.cut(s):                    #直接分词
4       print(x,end = ' ')
5   print()
6   jieba.add_word("大数据")                    #添加新词后再分词
7   jieba.add_word("云计算")
8   for  x in jieba.cut(s):
9       print(x,end = ' ')
```

【运行结果】

```
他是大数据和云计算方面的专家
他是大数据和云计算方面的专家
```

例 8-3 新建自定义词典文本文件 mydict.txt,注意词典文件格式为:一词占一行;每一行分为三部分,依次为词语、词频(可省略)和词性(可省略),用空格分开。按此格式存入新词"大数据""云计算",如图 8.1 所示,再将句子"他是大数据和云计算方面的专家"进行分词。

图 8.1 自定义词典文本文件

【程序 8-3.py】

```
1   import jieba
2   jieba.load_userdict("mydict.txt")
3   s = "他是大数据和云计算方面的专家"
```

```
4    for  x in jieba.cut(s):
5        print(x,end = ' ')
```

【运行结果】

他是大数据和云计算方面的专家
他是大数据和云计算方面的专家

8.1.2　wordcloud 库

词云以词语为基本单元,对文本中出现频率较高的关键词予以视觉上的突出展现,形成关键词云层或关键词渲染,从而过滤掉大量的文本信息,使浏览者只要一眼扫过文本就可以领略文本的主旨。wordcloud 库是专门用于根据文本生成词云的 Python 第三方库。有关 wordcloud 库的更多介绍请访问 http://amueller.github.io/word_cloud/。

1. 安装

wordcloud 库同样需要在命令行下通过 pip 命令来安装,命令如下:

```
:>pip install wordcloud
```

2. wordcloud 库的使用

(1) WordCloud 类。

wordcloud 库的所有功能都封装在 WordCloud 类中(注意 W 和 C 是大写),WordCloud 类在创建时有一系列可选参数,用于配置词云图片,其常用参数见表 8-2 所示,其常用方法及对应功能见表 8-3 所示。

表 8-2　WordCloud 类的常用参数

参　　数	功　　能
font_path	指定字体文件的完整路径,默认为 None
width	生成的图片宽度,默认为 400 像素
height	生成的图片高度,默认为 200 像素
mask	词云形状,默认为 None,即方形图
min_font_size	词云中最小的字号,默认为 4 号
font_step	字号步进间隔,默认为 1
max_font_size	词云中最大的字号,默认为 None,根据高度自动调节
max_words	词云图中最大的词数,默认为 200
stopwords	被排除词列表,排除词不在词云中显示
background_color	图片背景颜色,默认为黑色

表 8-3　WordCloud 类的常用方法

方　　法	功　　能
generate(text)	由 text 文本生成词云
to_file(filename)	将词云图保存为名为 filename 的文件

（2）绘制词云图的一般步骤。

绘制词云图的一般步骤是：先将文本分词处理，然后以空格拼接，再调用 wordcloud 库函数。

在生成词云时，wordcloud 库默认以空格或标点符号为分隔符，对目标文本进行分词处理。处理中文时还需要指定中文字体，可以将指定的字体文件与代码存放在同一个文件夹中，也可以在字体文件名前标明其完整的路径。

例 8-4　打开文件"家国情怀.txt"，分词后生成词云，指定背景为白色、字体为黑体（simhei.ttf）。注意：一般在"C:\Windows\Fonts"中有字体文件，可以复制到程序代码所在文件夹中。

【程序 8-4.py】

```
1  import jieba
2  from wordcloud import WordCloud
3  txt = open("家国情怀.txt","r",encoding = "utf-8").read()
4  seg_list = jieba.lcut(txt)        #精确分词
5  newtxt = "".join(seg_list)        #空格拼接
6  word_cloud = WordCloud(background_color = "white",font_path =
   "simhei.ttf").generate(txt)
7  word_cloud.to_file("家国情怀词云图.png")
```

【运行结果】　如图 8.2 所示。

图 8.2　词云图

例 8-5　修改例 8-5，使用一张五角星形状的图像"五角星 shape.png"，作为词云形状（注意和此程序代码放在同一个文件夹中），并将背景设置为白色、字体为黑体。

【程序 8-5.py】

```
1   import jieba
2   from wordcloud import WordCloud
3   import numpy                              #NumPy 是科学计算第三方库
4   import PIL.Image as Image                 #PIL 是第三方图像处理库
5   img = Image.open('五角星 shape.jpg')        #打开图像文件
6   coloring = numpy.array(img)               #创建数组
7   txt = open("家国情怀.txt","r",encoding = "utf-8").read()
8   seg_list = jieba.lcut(txt)                #精确分词
9   newtxt = "".join(seg_list)                #空格拼接
10  word_cloud = WordCloud(background_color = "white",
11          font_path = "simhei.ttf", mask = coloring).generate(txt)
12  word_cloud.to_file("例 8-5 使用形状的家国情怀词云图.jpg")
```

【运行结果】 如图 8.3 所示。

图 8.3 使用形状图片的词云图

> 💬 朴言素语
>
> 爱国，是人世间最深层、最持久的情感，是一个人的立德之源、立功之本。

8.1.3　英文文本分析——以 *Alice in Wonderland* 为例

在 1871 年出版的英文小说 *Alice in Wonderland*（爱丽丝梦游仙境）中，主人公爱丽丝是个十分可爱的小女孩，她的那一份童真弥足珍贵。正如丰子恺所说："高级的成熟，是保持一份童真。"

英文文本以空格或标点符号来分隔词语，进行单词的识别和文本分析相对比较容易。下面我们一步一步地用 Python 对 *Alice in Wonderland* 英文小说进行分析。

1. 数据准备

Alice in Wonderland 英文小说电子文档可以从网上下载，这里保存的文件名为 AliceinWonderland.txt。

2. 读取文件，分解并提取单词

分解并提取英文单词时，因为单词可能会有大小写两种形式，所以可以通过 txt.lower() 函数将所有字母转换成小写，排除原文大小写差异对词频统计的干扰。

英文单词的分隔符可以是空格、标点符号或者特殊符号，为统一分隔方式，可以将各种特殊字符和标点符号使用 txt.replace() 方法替换成空格，再使用 split() 方法通过分隔符空格对字符串进行切片，从而实现进行单词的提取。代码见程序 8-Alice1.py 中的第 1~7 行。

3. 采用字典数据结构进行词频统计

这里将单词保存在变量 word 中，并使用一个字典类型 counts＝{} 来统计单词出现的次数。当遇到一个新单词时，如果该单词没有出现在字典结构中，则需要在字典中新建键值对，这里可以使用字典类型的 counts.get(word,0) 方法来完成。这个方法的作用是，如果 word 在 counts 中，则返回 word 对应的值；否则返回 0。代码见程序 8-Alice1.py 中的第 8~11 行。

4. 输出出现最多的前 10 个单词及其次数

由于字典类型没有顺序，需要将其转换为有顺序的列表类型，再使用排序方法和匿名函数，根据单词出现的次数进行排序，然后输出出现最多的前 10 个单词及其次数。代码见程序 8-Alice1.py 中的第 12~16 行。

【程序 8-Alice1.py】

```
1   def getText():
2       txt = open("AliceinWonderland.txt", "r").read()
3       txt = txt.lower()                       #转换成小写字母
4       for ch in '!"#$%&()*+,-./:;<=>?@[\\]^_`{|}~':
5           txt = txt.replace(ch, " ")          #将文本中所有特殊字符替换为空格
6       return txt
7   Alice_txt = getText()
8   words = Alice_txt.split()                   #将单词保存在变量 word 中
9   counts = {}                                 #字典类型 counts 用来统计次数
10  for word in words:
```

11	`    counts[word] = counts.get(word,0) + 1`	#如果在则返回值
12	`items = list(counts.items())`	#转换成列表类型
13	`items.sort(key = lambda x:x[1], reverse = True)`	#排序
14	`for i in range(10):`	#输出前10个的单词及其次数
15	`    word, count= items [i]`	
16	`    print ("{}\t{}".format(word, count))`	

【运行结果】

```
the        1185
to          608
and         586
she         480
a           461
it          396
said        387
of          339
i           336
you         302
```

从上面输出结果可以看到,高频单词大多是冠词、代词、连接词等,并不能代表英文文章的含义,因此我们需要用一个集合类型来构建一个排除词汇库 excludes,修改后的代码如下,增加了第 1、2、14 和 15 行。

【程序 8-Alice2.py】

1	`excludes = {"the","to","and","she","a","it","said","of","i","you",`
2	`"in","as","was","that","at","her","all","with","on","but",`
3	`"not","so","had","he","then","be","this","they","for"}`
4	
5	`def getText():`
6	`    txt = open("AliceinWonderland.txt", "r").read()`
7	`    txt = txt.lower()` #转换成小写字母
8	`    for ch in '!"#$%&()*+,-./:;<=>?@[\\]^_`{|}~':`
9	`        txt = txt.replace(ch, " ")` #将文本中特殊字符替换为空格
10	`    return txt`
11	`Alice_txt = getText()`
12	`words = Alice_txt.split()` #将单词保存在变量 word 中
13	`counts = {}` #counts 用来统计出现的次数
14	`for word in words:`
15	`    counts[word] = counts.get(word,0) + 1`
16	`for word in excludes:`
17	`    del(counts[word])`
18	`items = list(counts.items())` #转换成列表类型
19	`items.sort(key = lambda x:x[1], reverse = True)` #排序
20	`for i in range(10):` #输出前10个的单词及其次数
21	`    word, count= items [i]`
22	`    print ("{}\t{}".format(word, count))`

【运行结果】

```
alice       300
out         114
one         114
what        113
do           93
down         87
if           86
up           86
no           85
know         84
```

通过多次运行的结果分析,我们就可以逐渐地增加 excludes 中的内容,从而不断完善程序功能。另外,如果要排除的词很多,也可以建立一个排除词文件 excludes.txt 来存储,一行存一个词,这时需修改上述第 1～2 行代码为:

```
excludes = {line.strip() for line in open("excludes.txt", "r").readlines()}
```

8.1.4　中文文本分析——以《红楼梦》为例

《红楼梦》是我国的文化经典之作,详尽描述了贾家这个百年望族的衰颓和败落以及不同人生命运的沧桑变迁。

> 🗨 朴言素语
>
> 　在大观园里,每一朵生命之花都非常之灿烂,但是,一场"风雨"之后,这些美丽的生命之花都纷纷"凋谢"。虽然生命无常、生命短暂,但是我们每个人都可以让有限的生命体现出无限的价值,珍惜生命,热爱生命,创造对社会、对人类有价值的生活,这才是生命的意义!

大观园里出现了许许多多各具特色的人物,那么《红楼梦》塑造的人物中,哪些人物出场最多呢?他们的出场排名顺序如何?下面我们就用 Python 来回答这个问题,实现步骤如下。

1. 数据准备

《红楼梦》电子文档可以从网上下载,这里保存的文件名为"红楼梦.txt",编码格式为 UTF-8。

2. 读取文件

使用语句 open("红楼梦.txt","r",encoding＝"utf-8").read()函数读文件。

3. 使用 jieba 库分词

中文文章需要先分词才能进行词频统计。

4. 词频统计

与上面英文文章一样,通过"路漫漫其修远兮,吾将上下而求索"的多次运行、多次结果分析,可以逐渐地增加 excludes 中的内容,不断完善程序功能。

5. 输出出场最多的前 10 位人物和次数

程序代码和运行结果如下。

【程序 8-红楼梦-词频统计 1.py】

```
1    def getText():                                              #读取文件
2        txt = open("红楼梦.txt","r",encoding = "utf-8").read()   #读文件
3        return txt
4    hlm_txt = getText()
5    import jieba                                                 #导入 jieba 库分词
6    words = jieba.lcut(hlm_txt)
7    #词频统计
8    excludes = {line.strip() for line in open("hlm_excludes.txt", "r",encoding
     = "utf-8").readlines()}
9    counts = {}
10   for word in words:
11       if len(word) == 1:                                      #排除单个字符的分词结果
12           continue
13       counts[word] = counts.get(word,0) + 1
14   for word in excludes:
15       del(counts[word])
16   items = list(counts.items())
17   items.sort(key = lambda x:x[1], reverse = True)
18   for i in range(10):
19       word, count = items[i]
20       print("{}\t{}".format(word, count))
```

【运行结果】

宝玉	3793
贾母	1297
凤姐	1142
王夫人	1061
老太太	978
贾琏	688
黛玉	620
平儿	602
宝钗	597
袭人	587

在上面结果中,我们发现"贾母""老太太"是同一个人物,应该统计在一起。一个人物有多个称呼的问题,可以通过增加一些判断语句来解决,并将输出结果存入 hlm_count.txt 文件中,代码修改如下。

【程序 8-红楼梦-词频统计 2.py】

```
1    def getText():   #读取文件
```

```
2       txt = open("红楼梦.txt","r",encoding = "utf-8").read()        #读文件
3       return txt
4   hlm_txt = getText()
5   import jieba                                              #导入 jieba 库
6   words = jieba.lcut(hlm_txt)
7   #词频统计
8   excludes = {line.strip() for line in open("hlm_excludes.txt", "r",
9               encoding = "utf-8").readlines()}
10  counts = {}
11  for word in words:
12      if len(word) == 1:                    #排除单个字符的分词结果
13          continue
14      elif word == "老太太" or word == "老祖宗":
15          rword = "贾母"
16      elif word == "林黛玉" or word == "林妹妹" or word == "黛玉笑":
17          rword = "黛玉"
18      elif word == "宝二爷":
19          rword = "宝玉"
20      elif word == "凤姐儿":
21          rword = "凤姐"
22      elif word == "袭人道":
23          rword = "袭人"
24      else:
25          rword = word
26      counts[rword] = counts.get(rword,0) + 1
27  for word in excludes:
28      del(counts[word])
29  items = list (counts.items())
30  items.sort (key = lambda x:x[1], reverse = True)
31  for i in range(10):                        #输出前 10 位高频词
32      word, count = items [i]
33      print ("{}\t{}".format(word, count))
34  f = open("hlm_count.txt","w")              #将前 10 位高频词写入文件 hlm_count.txt
35  for i in range(10):
36      word, count = items[i]
37      f.write ("{}\t{}\n".format(word, count))
38  f.close
39  f = open("hlm_count.txt","r")
40  f.close
```

【运行结果】

宝玉	3889
贾母	2358
凤姐	1596
王夫人	1061
黛玉	1024

袭人	745
贾琏	688
平儿	602
宝钗	597
老爷	536

思考：如果将上面写入文件的功能改为如下的语句,运行后有时会发现文件 hlm_count.txt 已建立了,但内容却是空的,这是什么原因呢？

```
1   f = open("hlm_count.txt","w")#将前 10 位高频词写入文件 hlm_count.txt
2   for i in range(10):
3       word, count = items[i]
4       f.write ("{}\t{}\n".format(word, count))
5   f.close
```

原来虽然程序中写了 close,但有时会在 open 阶段发生异常,异常抛出后或者在异常处理中最终并没有执行 close,导致写入的文件内容为空,所以需要及时关闭文件,再重新打开,才能将内容保存在文件中。代码修改为以下这样就可以了。

```
1   f = open("hlm_count.txt","w")#将前 10 位高频词写入文件 hlm_count.txt
2   for i in range(10):
3       word, count = items[i]
4       f.write ("{}\t{}\n".format(word, count))
5   f.close
6   f = open("hlm_count.txt","r")
7   f.close
```

显然,这种方法比较烦琐。

with open as f 这个语句底层封装了对文件的关闭、异常处理,不需要自己写 close 和异常处理,能够保证文件一定能够正常关闭,所以建议使用 with 语句来改进,代码如下。

```
1   with open("hlm_count.txt","w") as f:#将前 10 位高频词写入文件
2       for i in range(10):
3           word, count = items[i]
4           f.write ("{}\t{}\n".format(word, count))
5   f.close
```

6. 将出场最多的前 10 位人物姓名用词云图呈现

前面已经编程将《红楼梦》出场最多的前 10 位人物姓名存入 hlm_count.txt 文件中了,所以本例直接打开文件读取文件内容,生成词云就可以了。这里设置背景颜色为白色、字体为黑体(simhei.ttf)。

【程序 8-红楼梦词云图.py】

```
1   from wordcloud import WordCloud
2   txt = open("hlm_count.txt","r").read()
```

| 3 | word_cloud = WordCloud(background_color = "white",font_path = "simhei.ttf").generate(txt) |
| 4 | word_cloud.to_file("红楼梦词云图.png") |

【运行结果】　运行后生成的红楼梦词云图.png 如图 8.4 所示。

图 8.4　词云图

读者可以尝试统计《红楼梦》出场最多的前 50 位人物和次数,并用词云图呈现。

> 朴言素语
>
> 　　在前面编程过程中,我们发现程序往往需要不厌其烦地一次次地进行调试和修改,以使其变得越来越完善。这就是"书痴则文必正,艺痴则技必良"。匠者,精湛极致也。没有匠心,难成大器。

8.2　科学计算基础

科学计算是为解决科学和工程中的数学问题,利用计算机进行的数值计算。Python 中的 NumPy(Numerical Python 的缩写)是最常见一个科学计算核心第三方库,也是其他数学和科学计算第三方库的基础。

NumPy 库一般采用如下方式进行引用:

```
import numpy as np
```

或

```
from numpy import *
```

8.2.1　NumPy 库中的 ndarray

1. ndarray 的属性

Python 中提供的列表和元组,可以当作数组使用。但这些结构在数值计算时不够高效;而且 Python 中的 array 模块只支持一维数组,不支持多维数组,也没有各种运算函数,因而不适合数值运算。

NumPy 库弥补了这些不足,它没有使用 Python 本身的数组机制,而是提供了一种重要的数据结构——n 维数组(ndarray,又可表示为 array),它是一种由相同类型的元素组成的多维数组,元素数量由事先指定。该对象不仅能方便地存取数组,而且拥有丰富的数组计算函数。

ndarray 的元素如下：

（1）轴（axes）。ndarray 中的数组维度（dimensions）称为轴，轴的编号如图 8.5 所示。

图 8.5　二维数组的轴

（2）秩（rank）。秩是数组的维数，可以通过数组的 ndim 属性获得。

（3）大小（size）。数组的大小指数组中元素的个数。

（4）形状（shape）。

（5）类型（dtype）。数组元素的类型可以通过数组的 dtype 属性获得，每个 ndarray 有且只有一种 dtype 类型。

（6）元素大小（itemsize）。数组中元素占用的字节数。

例 8-6　假设有三位同学，每人分别进行了两次测试，成绩分别为 91、81、61 和 82、72、62，请分别计算三位同学两次测试的成绩和。

这里分别用列表和 NumPy 库的一维数组两种方法来完成，编码如下。

【程序 8-6.py】

```
1    #方法 1:使用列表存储三位同学的成绩
2    test1 = [91,81,61]
3    test2 = [82,72,62]
4    tsum = []
5    for i in range(3):
6        tsum.append(test1[i]+test2[i])
7    print(tsum)
8    #方法 2:使用 NumPy 库的一维数组存储三位同学的成绩
9    import numpy as np
10   tarray1 = np.array([91,81,61])
11   tarray2 = np.array([82,72,62])
12   tsum = tarray1+tarray2
13   print(tsum)
```

【运行结果】

```
[173, 153, 123]
[173 153 123]
```

对比两种方法，可以看到 NumPy 库在数值计算方面的优势。

2. ndarray 的数据类型

科学计算中涉及的数据较多，对数据的存储和处理的性能有较高的要求，因此 NumPy 库中添加了很多其他数值型的数据类型，如表 8-4 所示，其中大部分数据类型名都是以数字结尾，这个数字表示其在内存中占用的二进制位数。

表 8-4　NumPy 库中支持的数值型的数据类型

数据类型	描　　述
bool	用 1 位表示存储的布尔类型

续表

数据类型	描 述
int	由所在平台决定其精度的整数(一般为 int32 或 int64)
int8	整数,$-128 \sim 127$
int16	整数,$-32768 \sim 32767$
int32	整数,$-2^{31} \sim 2^{31}-1$
int64	整数,$-2^{63} \sim 2^{63}-1$
uint8	无符号整数,范围为 $0 \sim 255$
uint16	无符号整数,范围为 $0 \sim 65536$
uint32	无符号整数,范围为 $0 \sim 2^{32}-1$
uint64	无符号整数,范围为 $0 \sim 2^{64}-1$
float16	半精度浮点数:其中一位表示正负号、5 位表示指数、10 位表示尾数
float32	半精度浮点数:其中一位表示正负号、8 位表示指数、23 位表示尾数
float64 或 float	半精度浮点数:其中一位表示正负号、11 位表示指数、52 位表示尾数
complex64	复数,用两个 32 位浮点数分别表示实部和虚部
complex128 或 complex	复数,用两个 64 位浮点数分别表示实部和虚部

Pandas 库提供了更多非数值数据的便利的处理方法,本书篇幅有限不做介绍。

8.2.2 使用 NumPy 库创建数组

1. 创建一般形式的数组

使用 NumPy 库创建数组一般使用如下函数。

(1) array()函数。语法格式如下:

```
numpy.array(object,dtype = None,copy = True,order = None,subok = False,ndmin = 0)
```

参数:

- object:数组或嵌套的数列;
- dtype:数组元素的数据类型,可选;
- copy:对象是否需要复制,可选;
- order:创建数组的样式,C 为行方向,F 为列方向,A 为任意方向(默认);
- subok:默认返回一个与基类类型一致的数组;
- ndmin:指定生成数组的最小维度。

例 8-7 分析下面程序的运行结果。

【程序 8-7.py】

```
1   import numpy as np
2   a = np.array(((1,2,3),(4,5,6)))
3   print(a)
4   print(a.shape)                      #查看 a 的形状
5   print(a.size)                       #查看 a 的元素个数
6   print(a.ndim)                       #查看 a 的维度
7   b = np.array([1,6,8],ndmin = 2)     #指定维度为 2
8   print(b)
```

【运行结果】

```
[[1 2 3]
 [4 5 6]]
(2, 3)
6
2
[[1 6 8]]
```

（2）arrange()函数。前面介绍过内置函数 range()格式为：range([begin,] end[,
step])，arrange()与其类似，都是通过指定开始值、终值和步长值来创建表示等差数列的
一维数组，不同的是 arrange()支持浮点数。语法格式如下：

```
arange([begin,]end,[step,]dtype = None)
```

参数：

- begin：开始值；
- end：终值；
- step：步长；
- dtype：可以设置数值类型。

（3）linespace()函数。语法格式如下：

```
linspace(begin, end, num = 50, endpoint = True, retstep = False, dtype = None)
```

参数：

- num：默认是 50 个样本点（数据），为正整数；
- endpoint：指定是否包含终值，默认包含终值；
- retstep：步长。

例 8-8　分析下面程序的运行结果。

【程序 8-8.py】

```
1   import numpy as np
2   print(np.arange(0,7,1,dtype = np.int16))    #起点为 0,间隔为 1 时可缺省
3   print(np.arange(0,10,2))                     #起点为 0,不超过 10,步长为 2
4   print(np.linspace(-1,2,5))                   #起点为-1,终点为 2,取 5 个点
```

【运行结果】

```
[0 1 2 3 4 5 6]
[0 2 4 6 8]
[-1.   -0.25  0.5   1.25  2.  ]
```

2. 创建特殊数组

（1）创建全零数组（即元素全为零）。语法格式如下：

numpy.zeros(shape[,dtype,order])

参数：

• shape：int 或 int 的元组；

• dtype：数据类型，可选，默认是 numpy.float64；

• order：可选，创建数组的样式，C 为行方向（默认），F 为列方向。

（2）创建全 1 数组（即元素全为 1）。语法格式如下：

numpy.ones(shape[,dtype,order])

参数同上。

（3）创建空数组（元素全部近似为零）。语法格式如下：

numpy.empty(shape[,dtype,order])

参数同上。

例 8-9 分析下面程序的运行结果。

【程序 8-9.py】

```
1  import numpy as np
2  print(np.zeros((2,3,4)))                    #2页,3行,4列,全为0
3  print(np.ones((2,3,4),dtype = np.int16))    #2页,3行,4列,全为1
4  print(np.empty((2,3)))                      #值取决于内存
```

【运行结果】

```
[[[0. 0. 0. 0.]
  [0. 0. 0. 0.]
  [0. 0. 0. 0.]]

 [[0. 0. 0. 0.]
  [0. 0. 0. 0.]
  [0. 0. 0. 0.]]]
[[[1 1 1 1]
  [1 1 1 1]
  [1 1 1 1]]

 [[1 1 1 1]
  [1 1 1 1]
  [1 1 1 1]]]
[[1.39069238e-309 1.39069238e-309 1.39069238e-309]
 [1.39069238e-309 1.39069238e-309 1.39069238e-309]]
```

3. 创建概率分布形式的数组

NumPy 库还可以创建概率分布形式的 ndarray 数组。

(1) 高斯分布(正态分布)。语法格式如下:

```
np.random.randn(shape)
```

随机生成对应形状的符合标准正态分布的数组。

```
np.random.normal(loc, scale, size)
```

随机生成均值为 loc、标准差为 scale、形状为 size 的高斯分布数组。

参数:

- loc(float):正态分布的均值,对应着这个分布的中心。loc=0 说明这是一个以 Y 轴为对称轴的正态分布;
- scale(float):正态分布的标准差,对应分布的宽度,scale 越大,正态分布的曲线越矮胖,scale 越小,曲线越高瘦;
- size(int 或者整数元组):输出的值赋给 shape,默认为 None。

(2) 均匀分布。语法格式如下:

```
np.random.rand(shape)
```

随机生成对应形状的符合[0,1)均匀分布的数组。

```
np.random.uniform(low, high, size)
```

随机生成一个从[low,high)中随机采样、样本数量为 size 的均匀分布数组。

▷例 8-10　分析下面程序的运行结果。

【程序 8-10.py】

```
1    import numpy as np
2    #随机生成长度为 10 的一维数组
3    a = np.random.randn(10)
4    print(a)
5    #随机生成均值为 0、方差为 1、形状为(2,4)数组
6    b = np.random.normal(0, 1, (2,4))
7    print(b)
8    #随机生成长度为 10 的均匀分布二维数组
9    c = np.random.randn(10)
10   print(c)
11   #随机生成[-1,1)中随机采样、长度为 10 均匀分布数组
12   d = np.random.uniform(-1,1,10)
13   print(d)
```

【运行结果】

```
[-0.38894995  0.27599737 -0.56839842  0.42334492  0.24922353  0.46376756
 -0.79738933 -0.70065208  0.03714532  0.65006327]
```

```
[[-0.18704188  0.49337942 -1.37964306  1.0076507 ]
 [ 1.21704358  1.65158083  0.68907004 -0.12695056]]
[ 1.64317708  0.31323999  0.01197683  1.74629258  1.25861143  0.22644821
  0.2628711   0.66821755  0.65029981 -1.15194575]
[-0.66823208  0.37277873 -0.4225089  -0.02285601  0.77322493 -0.27384803
 -0.89358955 -0.06230018  0.22653418  0.06780929]
```

8.2.3　数组对象的常用操作

1. 数组的基本运算

（1）数组间元素级的运算。

◁例 8-11　分析下面程序的运行结果。

【程序 8-11.py】

```
1   import numpy as np
2   #数组间元素级运算
3   a = np.array([2,3,4,5])
4   b = np.array([1,2,3,4])
5   print(a+b)
6   print(a-b)
7   print(a * b)
8   print(a/b)
9
10  print(b * 2)
11  print(a>2)
12  print(2 * np.sin(a))
```

【运行结果】

```
[3 5 7 9]
[1 1 1 1]
[ 2  6 12 20]
[2.         1.5        1.33333333 1.25      ]
[2 4 6 8]
[False  True  True  True]
[ 1.81859485  0.28224002 -1.51360499 -1.91784855]
```

（2）矩阵运算。

◁例 8-12　分析下面程序的运行结果。

【程序 8-12.py】

```
1   import numpy as np
2   test1 = np.array([[1,1,1],
3                     [2,2,2],
```

4	$~~~~~~~~~~~~~~$[3,3,3]])	
5	print("和",test1.sum())	#求和
6	print("最大值",test1.max())	#求最大值
7	print("最小值",test1.min())	#求最小值
8	print("平均值",test1.mean())	#求平均值
9	print("矩阵行求和",test1.sum(axis = 1))	#矩阵行(按第 1 轴方向)求和
10	print("矩阵列求和",test1.sum(axis = 0))	#矩阵列(按第 0 轴方向)求和
11	a = np.array([[1,2],	
12	$~~~~~~~~~~~~~~$[3,4]])	
13	b = np.array([[5,6],	
14	$~~~~~~~~~~~~~~$[7,8]])	
15	print (a * b)	#对应位置元素相乘

【运行结果】

```
和 18
最大值 3
最小值 1
平均值 2.0
矩阵行求和 [3 6 9]
矩阵列求和 [6 6 6]
[[ 5 12]
 [21 32]]
```

2. ndarray 的基本索引和切片

ndarray 的基本索引和切片操作与序列类型类似,索引起始序号也是从 0 开始,可以在不同维度上进行。

例 8-13　分析下面程序的运行结果。

【程序 8-13.py】

1	import numpy as np
2	#2×3×4 的三维数组可以理解为:2 层楼,每层楼 3 行 4 列
3	room = np.array([[[0,1,2,3],
4	$~~~~~~~~~~~~~~$[4,5,6,7],
5	$~~~~~~~~~~~~~~$[8,9,10,11]],
6	$~~~~~~~~~~~~~~$[[12,13,14,15],
7	$~~~~~~~~~~~~~~$[16,17,18,19],
8	$~~~~~~~~~~~~~~$[20,21,22,23]]])
9	print(room[0,0,0])　　　#输出第 0 层第 0 行第 0 列房间内容
10	print(room[:,0,0])　　　#输出所有层第 0 行第 0 列房间内容
11	print(room[0,1,1:3])　　#输出第 0 层第 1 行中,第 1 至第 2 列房间内容

【运行结果】

```
0
[ 0 12]
[5 6]
```

3. ndarray 的形状变换

(1) 使用 reshape() 函数改变数组形状。语法格式如下：

`numpy.reshape(a, new_shape)`

参数：

* a 为要调整大小的数组；
* new_shape 为调整大小后的数组的形状,是 int 或 int 类型的元组。

功能：按照 NumPy 中的原来数组的默认编号,从新数组的最后一个轴开始填充,将原来的数组变换形状,不改变数组元素数量,更改后的数组元素总数不变。

(2) 使用 resize() 函数改变数组大小。语法格式如下：

`numpy.resize(a, new_shape)`

参数同上。

功能：改变数组的大小和形状,会改变数组元素数量,如果更改后的数组元素比原数组的多,则用原数组中的元素充填补齐。

例 8-14   分析下面程序的运行结果。

【程序 8-14.py】

```
1    import numpy as np
2    a = np.arange(9)
3    b = np.reshape(a,(3,3))
4    c = np.resize(a,(5,5))
5    print("原数组:",a)
6    print("reshape 为:",b)
7    print("resize 为:",c)
```

【运行结果】

```
原数组: [0 1 2 3 4 5 6 7 8]
reshape 为: [[0 1 2]
 [3 4 5]
 [6 7 8]]
resize 为: [[0 1 2 3 4]
 [5 6 7 8 0]
 [1 2 3 4 5]
 [6 7 8 0 1]
 [2 3 4 5 6]]
```

(3) 数组转置。

* 利用数组的 T 转置属性进行转置。对于二维数组来说,T 就是实现了行列的调换。
* 利用 transpose() 函数进行转置。此函数通过调换数组的行列值的索引值进行换轴转置。这个函数如果括号内不带参数,就相当于转置,与 T 效果一样。
* 使用 flatten() 函数降维为一维数组。

例 8-15　分析下面程序的运行结果。

【程序 8-15.py】

```
1  import numpy as np
2  a = np.array([[1,2,3],
3  [4,5,6]])
4  b = a.T
5  print(b)
6  c = a.transpose(1,0)        #第 0 轴和第 1 轴交换
7  print(c)
8  d = a.flatten()
9  print(d)
```

【运行结果】

```
[[1 4]
 [2 5]
 [3 6]]
[[1 4]
 [2 5]
 [3 6]]
[1 2 3 4 5 6]
```

8.2.4　NumPy 库中的文件操作

科学计算往往需要面对大量数据，因此 NumPy 库提供了专门的文件操作方法。

1. 写入文本文件

语法格式如下：

numpy.savetxt(fname,X[,fmt = '%。18e',delimiter = ''])

参数：

- fname：文件名；
- X：要写入文本文件的数据；
- fmt：格式字符串，默认时为'%.18e'；
- delimiter：分隔符，默认时为空格。

功能：把数组写入文本文件。

例 8-16　分析下面程序的运行结果。

【程序 8-16.py】

```
1  import numpy as np
2  a = np.array([[1,2],[3,4]])
3  np.savetxt("d1.txt",a,fmt = '%d',)
4  np.savetxt("d:\\d2.csv",a,fmt = '%f',delimiter = ',')
```

【运行结果】

在当前目录创建了 d1.txt 文件，在 D 盘下创建了 d2.csv 文件，分别用记事本打开后，内容如图 8.6 所示。

图 8.6　d1.txt 和 d2.csv 文件的内容

2. 读文本文件

语法格式如下：

```
numpy.loadtxt(fname[,dtype = np.float,delimiter = None])
```

参数：

• fname：文件名；

• dtype：文件中读入数据的返回类型，默认为 np.float；

• delimiter：分隔符，默认时为空格。

功能：读文本文件，返回一个数组。

例如：

```
b = np.loadtxt('./d1.txt')        #读文件
```

3. 写入指定文件

语法格式如下：

```
numpy.tofile(fname[,sep = "",format = ""])
```

参数：

• fname：文件名；

• sep：数据间的分隔符，默认为空时，写入文件为二进制；

• format：数据类型，默认时为字符串类型。

功能：把数组写入指定文件。

4. 读指定文件

语法格式如下：

```
numpy.fromfile(fname[,dtype = np.float,count = -1,sep = ''])
```

参数：

• fname：文件名；

• dtype：文件中读入数据的返回类型，默认为 np.float；

- count：读取数据的个数，默认时为－1，表示全部读取；
- sep：分隔符，默认为空。

功能：读指定文件，返回一个数组。

5. 把数组以二进制格式写入.npy 文件

语法格式如下：

```
numpy.save(fname,X)
```

参数：

- fname：文件名；
- X：要写入文件的数据。

功能：把数组以二进制格式写入.npy 文件。

6. 读.npy 文件

语法格式如下：

```
numpy.load(fname)
```

参数：fname 为文件名。

功能：读.npy 文件，返回一个原始形状的数组。

8.2.5　NumPy 在线性代数中的应用

NumPy 库的线性函数库 linalg 提供了一些常用的线性代数运算函数，功能强大。

1. 求方阵的行列式

numpy.linalg.det()可以计算方阵的行列式。

2. 求方阵的逆矩阵

numpy.linalg.inv()可以计算方阵的逆矩阵。

3. 求方阵的特征值和特征向量

numpy.linalg.eig()可以计算方阵的特征值 λ 和特征向量 X0，即$(A-\lambda E)X0=0$，其中 E 为单位矩阵。

例 8-17　分析下面程序的运行结果。

【程序 8-17.py】

```
1   import numpy as np
2   a = np.array([[1,2],[1,1]])
3   print("行列式值 = ", np.linalg.det(a))
4   print("逆矩阵:")
5   print(np.linalg.inv(a))
6   a_lambda, X = np.linalg.eig(a)
7   print("特征值:")
8   print(a_lambda)
```

9	print("特征向量:")
10	print(X)

【运行结果】

```
行列式值= -1.0
逆矩阵:
[[-1.  2.]
 [ 1. -1.]]
特征值:
[ 2.41421356 -0.41421356]
特征向量:
[[ 0.81649658 -0.81649658]
 [ 0.57735027  0.57735027]]
```

4. 求解有唯一解的线性方程组

numpy.linalg.solve()可以求解有唯一解的线性方程组 Ax＝b,其中 A 为系数矩阵,b 为一维或二维数组,x 是未知变量。

例 8-18　我国古代《孙子算经》中的"鸡兔同笼"问题:今有雉(鸡)兔同笼,上有三十五头,下有九十四足,问雉兔各几何?

假设有 x 只鸡,y 只兔子,可以列出以下线性方程组:

$$\begin{cases} x+y=35 \\ 2x+4y=94 \end{cases}$$

由线性代数知识,可以用如下矩阵方式表示:

$$\begin{bmatrix} 1 & 1 \\ 2 & 4 \end{bmatrix} x = \begin{bmatrix} 35 \\ 94 \end{bmatrix}$$

程序代码如下:

【程序 8-18.py】

```
1  import numpy as np
2  a = np.array([[1,1],[2,4]])              #方程组的系数矩阵
3  b = np.array([35,94])                    #方程组右侧的常数矩阵
4  y = np.linalg.solve(a,b)                 #使用 solve() 函数求方程组的解
5  print("鸡:{},兔:{}".format(y[0],y[1]))
```

【运行结果】

```
鸡:23.0,兔:12.0
```

这个问题可以有很多种解法,上述方法是不是最简单可行的呢?

8.2.6　NumPy 在多项式中的应用

1. 使用 poly1d(A)函数,由系数数组 A 生成多项式

语法格式如下:

```
numpy.poly1d(A)
```

参数：A 为系数数组，以幂次递减，没有值的系数项用 0 补齐。

2. 使用 polyval(p,k)函数，求多项式 p 在 x＝k 时的值

语法格式如下：

```
numpy.polyval(p,k)
```

3. 使用 polyder(p,m＝1)函数，求多项式 p 的 m 阶导数

语法格式如下：

```
numpy.polyder(p,m = 1)
```

参数：m 默认为 1。

4. 使用 polyint(p,m＝1)函数，求多项式 p 的 m 重积分

语法格式如下：

```
numpy.polyint(p,m = 1)
```

参数：m 默认为 1。

例 8-19 计算函数 f(x)＝ x³ ＋2x² ＋3 当 x＝1 和 x＝2 时的值，并输出 f(x)的一阶导数、二阶导数、一重积分和二重积分。

【程序 8-19.py】

1	import numpy as np	
2	#构造多项式	
3	a = np.array([1, 2, 3])	
4	f = np.poly1d(a)	
5	print(f)	
6	print(f(1))	#给定 x = 1,求多项式的值
7	print(np.polyval(f,1))	#给定 x = 1,求多项式的值
8	print(np.polyval(f,[1,2]))	#给定 x = 1 和 x = 2,分别求多项式的值
9	print("求导数:")	
10	print(np.polyder(f))	#求多项式的一阶导数
11	print(np.polyder(f,2))	#求多项式的二阶导数
12	print("求积分:")	
13	print(np.polyint(f))	#求多项式的一重积分
14	print(np.polyint(f,m = 2))	#求多项式的二重积分

【运行结果】

```
   2
1 x + 2 x + 3
6
6
[ 6 11]
求导数:
2 x + 2
```

```
2
求积分:
      3     2
0.3333 x + 1 x + 3 x
4    3    2
0.08333 x + 0.3333 x + 1.5 x
```

5. 使用 polyadd(p1,p2)函数,求多项式 p1 和 p2 的和

语法格式如下:

```
numpy. polyadd(p1,p2)
```

参数:p1、p2 均为多项式。

6. 使用 polysub(p1,p2)函数,求多项式 p1 和 p2 的差

语法格式如下:

```
numpy. polysub(p1,p2)
```

参数:p1、p2 均为多项式。

7. 使用 polymul(p1,p2)函数,求多项式 p1 和 p2 的积

语法格式如下:

```
numpy. polymul(p1,p2)
```

参数:p1、p2 均为多项式。

8. 使用 polydiv(p1,p2)函数,求多项式 p1 和 p2 的商

语法格式如下:

```
numpy. polydiv(p1,p2)
```

参数:p1、p2 均为多项式。

例 8-20　求多项式 x^3+2x^2+3x+4 和 p2= x^2+2x+3 的和、差、积、商。

【程序 8-20.py】

```
1   import numpy as np
2   p1 = np.poly1d(np.array([1, 2, 3,4]))
3   p2 = np.poly1d(np.array([1, 2, 3]))
4   print("求和:")
5   print(p1+p2)                    #直接使用"+"运算符
6   print(np. polyadd(p1,p2))       #求和,等价于 p1+p2
7   print("求差:")
8   print(np. polysub(p1,p2))       #求差,等价于 p1-p2
9   print("求积:")
10  print(np. polymul(p1,p2))       #求积,等价于 p1 * p2
11  print("求商:")
12  print(np. polydiv(p1,p2))       #求商,等价于 p1/p2
```

【运行结果】

```
求和：
   3     2
1 x + 3 x + 5 x + 7
   3     2
1 x + 3 x + 5 x + 7
求差：
     3     2
1 x + 1 x + 1 x + 1
求积：
   5     4      3      2
1 x + 4 x + 10 x + 16 x + 17 x + 12
求商：
(poly1d([1., 0.]), poly1d([4.]))
```

9. 使用 polyfit(x,y,k)函数，实现基于最小二乘法的多项式拟合

语法格式如下：

```
numpy. polyfit(x,y,k)
```

参数：x、y 为要拟合的两组数据，k 为拟合多项式中最高次幂。

例 8-21   使用最小二乘法实现两个多项式的拟合。

【程序 8-21.py】

```
1    import numpy as np
2    x = np.array([ 0.0,1.0,2.0,3.0, 4.0,5.0])
3    y = np.array([ 0.0,0.8,0.9,0.1,- 0.8,-1.0])
4    z = np.polyfit(x, y, 3)   #拟合
5    print("拟合结果:")
6    print(np.poly1d(z))
```

【运行结果】

```
拟合结果:
     3         2
0.08704 x - 0.8135 x + 1.693 x - 0.03968
```

基础知识练习

（1）使用 jieba 库的三种分词模式将句子"诚信是一种人们在立身处世中必须而且应当具有的真诚求是的态度和信守然诺的行为品质"进行分词。

（2）使用 jieba 库对"欣欣向浩浩借程序设计类的书"进行分词，要求：将"欣欣"和"浩浩"存入自定义的词典文本文件后，再进行分词。

（3）尝试将自己喜欢的一段美文，分词后生成词云图，指定字体为黑体（simhei.ttf）。

（4）求解线性方程组：

$$\begin{cases} x-5y=10 \\ 2x+3y=33 \end{cases}$$

📝 能力拓展与训练

（1）拓展本章例题，尝试统计《红楼梦》出场最多的前 50 位人物和次数，并用词云图呈现。

（2）选一部自己喜欢的小说，看看能用 Python 做哪些有意思的分析，并尝试搜索和学习 Python 其他的文本分析功能。

（3）尝试用多种方法解我国古代《孙子算经》中的“鸡兔同笼”问题，并与本章中的方法相比较。

（4）利用 NumPy 库中的多项式处理函数，计算函数 $f(x)=5x^3+2x^2+1$ 当 $x=3$ 时的值，并输出 $f(x)$ 的一阶导数和二阶导数。

（5）分别输入两个多项式的系数数组 A1 和 A2，生成两个多项式后，用最小二乘法实现拟合。

📝 本章实验实训

一、实验实训目标

（1）掌握 jieba 库、wordloud 库的使用。

（2）掌握 NumPy 库中的数组对象的常用操作。

（3）掌握 NumPy 库中的文件操作。

（4）NumPy 库在线性代数和多项式中的常用操作。

（5）能够使用 Python 解决文本分析、科学计算领域的简单问题。

二、主要知识点

（1）jieba 库。

（2）wordloud 库。

（3）NumPy 库。

三、实验实训内容

【实验实训 8-1】　将四首诗句“终日寻春不见春，芒鞋踏破岭头云。归来偶把梅花嗅，春在枝头已十分。”“朝看花开满树红，暮看花落树还空。若将花比人间事，花与人间事一同。”“春有百花秋有月，夏有凉风冬有雪。若无闲事挂心头，便是人间好时节。”“流水下山非有意,片云归洞本无心。人生若得如云水,铁树开花遍界春。"分词后生成词云,指定字体为黑体(simhei.ttf)。请将程序填写完整。

1	import jieba
2	(_____) #导入词云库
3	txt = "终日寻春不见春,芒鞋踏破岭头云。归来偶把梅花嗅,春在枝头已十分。\
4	朝看花开满树红,暮看花落树还空。若将花比人间事,花与人间事一同。\
5	春有百花秋有月,夏有凉风冬有雪。若无闲事挂心头,便是人间好时节。\
6	流水下山非有意,片云归洞本无心。人生若得如云水,铁树开花遍界春。"
7	(_____) #精确分词
8	newtxt = "".join(seg_list) #空格拼接
9	word_cloud = WordCloud(font_path = "simhei.ttf").generate(txt)
10	word_cloud.to_file("sx8-1词云图.png")

【运行结果】 如图 8.7 所示。

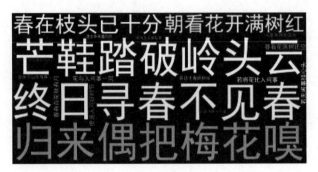

图 8.7　词云图

【实验实训 8-2】　参考例 8-5 修改上例,使用一张五角星形状的图像"五角星 shape.png"作为词云形状(注意图像文件应与此程序代码放在同一个文件夹中),并将背景设置为白色。提示:使用 WordCloud 类的 mask 和 background_color 参数。

【实验实训 8-3】　有位同学的标签描述是:"阳光,与人为善,爱好广泛,旅游大咖,IT行业,理智,有趣,篮球,大孝子,颜值较高,双子座,B 型血,爱吃火锅,幽默,坦率,自信,勇敢,还算成熟,不拘小节,诚实,虚心,果断,有时天真,有时幼稚,活泼,聪明",使用一张五角星形状的图像"五角星 shape.png"作为词云形状,编程生成的词云图如图 8.8 所示。请你也给自己做个标签词云图吧!

【实验实训 8-4】　尝试将自己喜欢的一首歌曲的歌词分词后生成词云图。

【实验实训 8-5】　下载《三国演义》文本文件,统计出场最多的 20 个人物,制作高频词词云。

【实验实训 8-6】　李白与杜甫:一个是诗仙,一个是诗圣,都是中国诗歌史上泰山北斗级的人物。走近他们,品读诗歌,去感受中国文人的情怀。

(1) 下载李白与杜甫的诗歌全集,分别保存为文本文件。

(2) 对李白与杜甫的诗歌全集分别进行分词,统计词频最高的 10 个词语,制作高频

图 8.8 使用形状图片的词云图

词词云,体会两位诗人的特点。

【实验实训 8-7】 求解线性方程组

$$\begin{cases} x+z=10 \\ 2x+3y+4z=35 \\ 3x+5y+7z=56 \end{cases}$$

【实验实训 8-8】 利用 NumPy 库中的多项式处理函数,计算函数 $f(x)=x^5+2x^3+1$ 当 $x=2$ 和 $x=5$ 时的值,并输出 $f(x)$ 的一阶导数和二阶导数。

参 考 文 献

［1］ 申艳光，薛红梅. 大学计算机——Python 程序设计［M］.北京：清华大学出版社，2021.

［2］ 董付国. Python 程序设计入门与实践［M］. 西安：西安电子科技大学出版社，2021.

图 书 资 源 支 持

感谢您一直以来对清华版图书的支持和爱护。为了配合本书的使用,本书提供配套的资源,有需求的读者请扫描下方的"书圈"微信公众号二维码,在图书专区下载,也可以拨打电话或发送电子邮件咨询。

如果您在使用本书的过程中遇到了什么问题,或者有相关图书出版计划,也请您发邮件告诉我们,以便我们更好地为您服务。

我们的联系方式:

地　　址: 北京市海淀区双清路学研大厦 A 座 714

邮　　编: 100084

电　　话: 010-83470236　010-83470237

客服邮箱: 2301891038@qq.com

QQ: 2301891038 (请写明您的单位和姓名)

资源下载: 关注公众号"书圈"下载配套资源。

资源下载、样书申请　　　图书案例

书圈

清华计算机学堂

观看课程直播